现代生态养殖系列丛书

罗非鱼
生态养殖

主　　编◎廖伏初　丁德明　陈新明
编写人员◎汤江山　万译文　何　咏
　　　　　杨　霄　廖凯龙

U0339652

CS K 湖南科学技术出版社

目　录

第一章　概　　述 ……………………………………… 1

　第一节　我国罗非鱼的养殖概况 ……………………… 1

　　一、引种情况 …………………………………………… 2

　　二、养殖方式 …………………………………………… 2

　　三、养殖现状 …………………………………………… 5

　第二节　罗非鱼的市场行情分析及预测 ……………… 6

　第三节　罗非鱼养殖过程中存在的问题及应对策略 … 7

　　一、罗非鱼养殖过程中存在的主要问题 ……………… 7

　　二、对我国罗非鱼产业的几个建议 …………………… 8

第二章　罗非鱼的生物学特性 ……………………… 11

　　一、分类地位 …………………………………………… 11

　　二、形态特征 …………………………………………… 11

　　三、生活习性 …………………………………………… 11

　　四、食性与生长 ………………………………………… 12

　　五、繁殖习性 …………………………………………… 13

第三章　罗非鱼营养需求与饲料 …………………… 16

　　一、罗非鱼饲料营养要求 ……………………………… 16

　　二、罗非鱼饲料营养标准 ……………………………… 17

　　三、罗非鱼饲料配制、加工 …………………………… 18

　　四、罗非鱼配合饲料种类及投喂 ……………………… 21

第四章　罗非鱼品种与繁育 ………………………… 25

　第一节　罗非鱼养殖新品种介绍 ……………………… 25

　　一、奥尼鱼 ……………………………………………… 25

二、福寿鱼 ……………………………………………… 26

三、尼罗罗非鱼 ………………………………………… 26

四、奥利亚罗非鱼 ……………………………………… 27

五、"夏奥1号"奥利亚罗非鱼 ……………………… 27

六、尼罗罗非鱼"鹭雄1号" ………………………… 27

七、吉富罗非鱼"中威1号" ………………………… 28

八、吉奥罗非鱼 ………………………………………… 28

九、莫荷罗非鱼"广福1号" ………………………… 29

第二节　罗非鱼人工繁育 ……………………………… 32

一、罗非鱼繁殖特点 …………………………………… 32

二、罗非鱼亲鱼培育 …………………………………… 33

三、鱼苗培育 …………………………………………… 38

第五章　罗非鱼生态养殖技术 …………………………… 40

第一节　罗非鱼池塘生态养殖 ………………………… 40

一、池塘选择和准备 …………………………………… 40

二、鱼种放养与搭配 …………………………………… 41

三、喂养与管理 ………………………………………… 42

第二节　养殖案例——池塘主养全雄罗非鱼 ………… 45

一、养殖品种介绍 ……………………………………… 45

二、模式案例 …………………………………………… 45

三、模式技术要点 ……………………………………… 46

四、养殖建议 …………………………………………… 48

第三节　罗非鱼池塘综合种养 ………………………… 49

第四节　因地制宜，开展罗非鱼集约化养殖 ………… 50

一、温泉水养殖罗非鱼技术 …………………………… 50

二、地热水养殖罗非鱼技术 …………………………… 53

三、罗非鱼流水养殖技术 ……………………………… 54

第五节　罗非鱼稻田养殖 ……………………………… 56

一、稻田选择及工程建设 …… 56

二、鱼种放养 …… 57

三、日常管理 …… 57

四、收鱼 …… 58

第六章 罗非鱼养殖水底质管理 …… 59

第一节 罗非鱼养殖水底质管理的主要内容 …… 59

一、溶氧管理 …… 59

二、pH 值管理 …… 60

三、氨氮、非离子氨管理 …… 60

四、水温及透明度 …… 61

第二节 池塘水质精细管理 …… 61

一、池塘精细管理的主要内容与要求 …… 61

二、看水养鱼——水色及调控 …… 65

三、测水养鱼 …… 69

第三节 池塘养殖尾水管理 …… 73

一、养殖尾水排放标准 …… 73

二、尾水管理及综合利用 …… 73

第七章 罗非鱼病害防治 …… 75

一、罗非鱼的疾病概况 …… 75

二、罗非鱼疾病生态防控 …… 76

三、疾病的诊断 …… 76

四、科学合理用药 …… 78

五、罗非鱼常见病害防治 …… 79

附件 光合细菌培养方法 …… 87

第一章 概 述

第一节 我国罗非鱼的养殖概况

罗非鱼（*Tilapia*）原产于非洲，为热带内陆性鱼类。罗非鱼种类很多，分类上隶属鲈形目，丽鱼科，分三个属，有 700 多种，自然分布遍及非洲内陆及中东大西洋沿岸淡咸水海区，向北分布至以色列及约旦等地。由于罗非鱼生长快，产量高，对饵料要求低，耐低氧，适应性、抗病力强，繁殖快，苗种容易解决，受到世界各国养殖者的重视，目前已成为世界性的主要养殖鱼类，养殖地区遍布 80 多个国家和地区。罗非鱼是一种价值很高的经济食用鱼，它也是一种世界上养殖特别广泛的鱼类之一，FAO 数据显示：罗非鱼产量从 20 世纪 80 年代初的 12 万 t，增长到 2002 年的 140 多万 t，再到 2010 年度全球罗非鱼养殖年产量为 340 万 t。中国作为最大的罗非鱼生产国，产量达 133.19 万 t，占世界养殖产量的39.2%。2011 年中国罗非鱼产量约 144.2 万 t，2012 年小幅增长，为 145 万 t。广东、海南、广西、福建是中国罗非鱼养殖主产区，在全国的养殖份额分别为 46.64%、19.52%、14.83% 和 8.54%。

我国先后从境外引进了多个罗非鱼品种进行养殖。目前，国内罗非鱼养殖发展迅速，在淡水养殖中占有重要地位。罗非鱼适合池塘、湖泊围栏、稻田、网箱以及工厂化流水养殖，不仅适合在淡水中养殖，还能在咸淡水和海水中生活。由于罗非鱼肉质鲜美、无肌间刺，受到国内外消费者的欢迎，国际市场对罗非鱼的需求越来越大，美国、西欧、中东、东亚及大洋洲等国家和地区都有较大需求量，中国罗非鱼出口量 2012 年为 36.20 万 t，创下历史最高水平，同比增长 9.60%，总出口额为 11.63 亿美元，同比增长 4.91%。

一、引种情况

1957 年，我国从越南引进了第一批莫桑比克罗非鱼，填补了当时罗非鱼养殖的空白，从而开始了我国罗非鱼养殖的历史；1973 年 8 月由日本引进红罗非鱼；1977 年，广东从香港引入了由台湾制种的福寿鱼，不过当时尚未形成养殖规模，真正的规模性养殖，是在引进尼罗罗非鱼并在内地自行制种成功以后开始的；1978 年，我国引进了生长性能远优于莫桑比克罗非鱼的尼罗罗非鱼；1981 年又引进了奥利亚罗非鱼。1994 年，上海水产大学引进了吉富品系的罗非鱼，极大地促进了罗非鱼的发展。2000 年珠江水产研究所从美国新引进了橙色莫桑比克罗非鱼和荷那龙罗非鱼，2003 年首次利用橙色莫桑比克罗非鱼（♀）×荷那龙罗非鱼（♂）杂交繁殖出全雄的杂交 F1（莫荷鱼），该鱼具有良好的耐盐性能，可在海水中进行养殖，进一步扩大了罗非鱼养殖的范围。

目前我国主要养殖的罗非鱼种类有：尼罗罗非鱼、奥利亚罗非鱼以及杂交种奥尼鱼、莫荷罗非鱼等。近年来罗非鱼养殖主要为雄性罗非鱼。

二、养殖方式

目前我国罗非鱼养殖方式主要有池塘养殖、网箱养殖、流水养殖以及与其他品种的混养等，前 3 种养殖方式既可在淡水中进行，也可在半咸水或盐度低于 25‰的海水中养殖。

1. 池塘养殖

池塘面积宜大不宜小，以 10 亩左右为佳，水深 1.5~2 m。在鱼种放养前同其他淡水鱼养殖一样要进行清整、消毒和施肥。放养的鱼种可以是 5 cm 以上的鱼种，也可以是更大规格的鱼种。前者产出的商品鱼规格较小，为 300～500 g，而后者可达 700～1000 g。鱼种放养水温必须稳定在 18 ℃以上时方可进行。放养密度因养殖时间长短、商品鱼规格、养殖方式及设施条件不一而灵活掌握。通常单养情况下，每亩放养 5 cm 鱼种 3000～4000 尾或越冬大鱼种（8～10 cm）2000～3000 尾，将来亩产可达 1000 kg，甚至 1500 kg。一般吉富品系罗非鱼、奥尼鱼、尼罗罗非鱼采用池塘养殖方式。

2. 网箱养殖

罗非鱼非常适合网箱养殖，因为它们耐低溶氧，抗病力强，还能摄食网箱上的附着藻类而保持网目畅通。设置网箱的水域要求背风向阳、水面宽阔、无污染的湖泊、水库、海湾。水深在 4～8 m，网箱设置后使箱底离开水底 1 m 以上。最好有 0.2 m/s 以下的微流水，有利于箱内外水体交换。网箱通常有 3 m×3 m×2.5 m、4 m×4 m×（2.5～3）m、5 m×5 m×（2.5～3）m 等多种，以聚乙烯无结节网片制成，网目视鱼种大小，在 1.5～3 cm。放养的鱼种最小 6 cm，以 10 cm 以上较好，能提高成活率。

鱼种投放水温必须稳定在 18 ℃以上，鱼种经过拉网锻炼和浸泡消毒后才能入箱。消毒方法可用 2‰～4‰食盐水浸洗 5 min。然后经过筛鱼、计数，按不同规格分箱投放。放养密度因养殖者技术水平和水域环境条件而不同，尚无统一标准。通常每平方米水体可放养 8～10 cm 的鱼种 100～200 尾，通过 5～6 个月的饲养，每尾奥尼罗非鱼、红罗非鱼普遍可超过 500 g，单产达到 80 kg/m³。网箱一般养殖奥尼罗非鱼，具有密放、精养、高产、灵活和简便等优点。该鱼很适合网箱养殖，它能适应网箱的高密度生活，耐低溶氧，抗病力强，还能摄食网箱壁上的附着藻类，可以起到"清箱"作用。

3. 流水养殖

罗非鱼是流水高密度养殖或"工厂化"养殖的主要对象之一。养殖池不宜过大，养成鱼一般以 30～50 m² 为宜，维持池水溶氧量在每升 3 mg 以上。集约化养殖需要投喂营养全面的配合饲料，其饲料的蛋白质含量以 30％左右为宜。日投喂 5～6 次，投喂量为鱼体重的 2.5％～3％。采取工业化的方式养殖。

工厂化养殖适合吉富品系等不耐低温的罗非鱼，具有节水、节地、养殖周期短、产量高、受季节变化影响小等特点，符合水产养殖集约化、规模化、现代化的发展方向。

4. 混合养殖

在养殖中，罗非鱼与其他养殖品种混养也是非常常见的养殖模式，据报道，与罗非鱼混养的品种有鱼、虾等。一般采用混养的品种主要是奥尼罗非鱼。

（1）与其他鱼类混养

罗非鱼和"四大家鱼"及鲤鱼等鲤科鱼类品种进行同池混养，可以提高饲料、肥料的利用率，改善水质，并能发挥与其他鱼类的互利作用，从而促进生长，提高效益。混养方式有两种：一种是以罗非鱼为主，混养其他鱼类。放养密度，一般每亩放养罗非鱼早繁鱼种 2000～2500 尾，或越冬鱼种 1500～2000 尾。同时混养鲢（每尾 250 g）250 尾、鳙（每尾 250 g）30～40 尾、草鱼（每尾 500 g）50 尾、鲤鱼（每尾 13 cm）10 尾。亩产塘鱼可达到 600～800 kg，其中罗非鱼占 70％～80％。

另一种以家鱼为主，混养罗非鱼。利用水质较肥的池塘，在不降低主养鱼放养密度情况下，放养一定数量的罗非鱼。放养数量随各地养殖方法不一样而不同。一般在亩产 750 kg 的高产鱼池中，每亩可混养罗非鱼越冬鱼种 400～600 尾，或混养早繁鱼种 800～1200 尾，一般可亩产罗非鱼 150 kg 以上。

（2）与虾类混养

鱼虾混养模式是合理利用水体空间，生态效益高、盈利的罗非鱼养殖模式，以罗非鱼的稳产分摊各种成本，降低风险，以白对虾求更高收益。同时，鱼虾混养模式水质易控制，调水的费用相对低，发病率也低，药物残留少，肉质好、产量高。

据了解，广东沿海一带，近几年在业内逐步形成的鱼虾混养方式为：罗非鱼一次投放完，密度为每亩 1500～2000 尾，南美白对虾分批放养平均控制在每亩 1 万尾左右，第一批虾苗可多投放些，达到每亩 2 万尾，全程不投或少投虾料，待头批虾达上市规格，起捕后，接着放进第二批标粗虾苗，以此类推，一年可投放虾苗 4 次左右。

三、养殖现状

从 20 世纪 80 年代开始，特别是 20 世纪 90 年代以后，我国罗非鱼养殖业飞速发展，近二十年来，我国罗非鱼养殖产量大幅度递增。1984 年我国罗非鱼产量为 1.8 万 t，1990 年产量为 13 万 t，到 2000 年全国产量已达到 63 万 t，2010 年达到 133.19 万 t，2011 年产量为 144.2 万 t，2012 年为 145 万 t，除 2008 年因南方冰雪灾害外，年产量均延续小幅增长趋势。产量和出口量稳居世界第 1 位，占世界罗非鱼养殖总产量的 50% 以上。

由于罗非鱼属热带鱼类，在气候与温度的影响下，罗非鱼的养殖在中国大陆地区分布明显呈现南多北少的现象。南方地区的广东省、广西自治区、海南省、福建省得益于气候，罗非鱼养殖发展迅速，养殖模式以池塘混养为主，产量占淡水养殖产量的 20%，较高的可达 30%，成为这些地区主要的养殖对象之一。在北方地区，山东省、辽宁省等地发展比较快，以利用发电厂的余热水及水库网箱养殖为主。2010 年罗非鱼各主要产区的产量为广东 60 万 t、海南 26.7 万 t、广西 21.44 万 t、福建 10.9 万 t、其他省市 14.15 万 t；广东、海南、广西、福建是中国罗非鱼养殖主产区，在全国的养殖份额分别为 46.64%、19.52%、14.83% 和 8.54%。罗非鱼成为草鱼、鳙和鲢之后的最大淡水养殖品种，在我国水产品引种项目中，无论从养殖经济效益还是社会效益，罗非鱼都是最成功的品种。

第二节　罗非鱼的市场行情分析及预测

　　罗非鱼由于无肌间刺、肉色白而成为传统白肉鱼种的替代品种，正日渐受到欧美市场的青睐。目前美国已成为美洲消费和进口罗非鱼的最大市场，2008 年美国罗非鱼的进口量为 17.95 万 t，对比 2007 年的 17.38 万 t，增长了 3.3%；罗非鱼的进口额从 2007 年的 5.598 亿美元上涨到了 2008 年的 7.344 亿美元，增长了 31.2%。在所有的进口罗非鱼产品中，有来自中国大陆和台湾的条冻鱼或冻鱼片，来自印度尼西亚的冻鱼片，来自哥斯达黎加、洪都拉斯和厄瓜多尔的新鲜鱼片。近几年来，欧洲正逐渐成为重要的新兴罗非鱼消费市场，据介绍，欧洲罗非鱼市场的消费类型主要有三种形式：即生鲜冷藏切片、低温切片与冷冻切片。在欧洲市场上，法国人接受各种类型的罗非鱼切片，德国、荷兰、比利时、意大利和西班牙等国则接受生鲜冷藏的罗非鱼切片。除欧美外，罗非鱼在国际市场也相当广阔。中东（沙特阿拉伯、阿拉伯联合酋长国、科威特、巴林）、东亚（日本、韩国、中国香港）及大洋洲等地区都有较大需求量。在国际市场上，普通的罗非鱼往往被冠以许多美名以推广销售，如丽鲷、彩红鲷等，身价倍增。

　　我国是世界上主要的罗非鱼养殖和出口国家，罗非鱼在我国生产成本低廉，在美国、欧洲市场具有很大的销售空间和较强的市场竞争力。2011 年 1～3 季度，我国罗非鱼出口量为 22.7 万 t，同比增长 1.7%；出口额为 7.4 亿美元，同比增幅 13.6%；2012 年出口量达到 36.20 万 t，创下历史最高水平，同比增长 9.60%，总出口额为 11.63 亿美元，同比增长 4.91%。近两年我国罗非鱼产品主要出口到美国，且出口数量和金额呈逐年上升趋势，成为美国市场罗非鱼的主要供应国。

　　在我国，无论沿海还是内地，无论南方还是北方，由于罗非鱼肉好味美，价位适宜，而深受广大消费者喜爱，成为千家万户餐桌上的当家鱼之一。但我国罗非鱼人均占有量不到 0.5 kg，因此供不应求。加上传统的国内市场以活鱼为主，条冻鱼、鱼片等加工品市场尚未形成，供需矛盾在我国缺水的内陆及低温的北方更加突出。目前，不少大中型罗非鱼养殖企业已着手罗非鱼加工产品的开发，许多大型超市、中高档餐馆开始推销罗非鱼产品，可以断言，其国内消费市场将会越来越大。

第三节　罗非鱼养殖过程中存在的问题及应对策略

一、罗非鱼养殖过程中存在的主要问题

罗非鱼产品销售渠道主要是两条，即加工出口和内销。目前，我国罗非鱼养殖产业的可持续发展，主要存在以下几个问题：

第一，种质退化、混杂，杂种一代雄性率不高，造成生长慢，规格小，品质低。由于罗非鱼属内容易种间杂交，加之缺乏科学的种质鉴别技术、制种机制和保种机制，并经常辗转引种，致使品种混杂，经济性状退化，良种难现，优良种质供不应求，是罗非鱼养殖产业面临的严峻问题。

第二，养殖技术相对落伍。在经济利益驱动下，片面强调密养高产，缺乏对水域环境负荷力论证，结果导致脆弱的水体生态环境被破坏，产品质量、规格有些不符合出口要求（每尾 800~1000 g），而消费者喜爱的（每尾 750 g）。

第三，养殖产品标准不高。多数养殖企业罗非鱼产品还停留在无公害水产品，绿色水产品较少，产品质量档次不高。由于罗非鱼规格不大、质量档次不高，使本来可以成为名优水产品的罗非鱼，一直徘徊在名优水产品大门外。

第四，加工流通不通畅。目前我国罗非鱼加工依托外商，以代

加工出口的方式生产，缺乏自主出口渠道，不利于企业自身的发展壮大，不利于扩大出口和经济效益的提高。

第五，产业化程度不高。多数厂家仍是一种纯企业行为，由于自身实力不足，对罗非鱼养殖业推动作用有限，难以促进罗非鱼产业格局的形成。因此，要提高我国罗非鱼国际竞争力，必须实现罗非鱼养殖的良种化、产业化。

二、对我国罗非鱼产业的几个建议

实现罗非鱼养殖业的可持续发展必须努力促进养殖品种良种化、全面推行生态养殖，设立罗非鱼产业行业协会，推进罗非鱼品牌化、多样化消费。

1. 加强罗非鱼的优良品种选育和原种引进

鱼种质量差、规格小、大批量供应苗种能力低是我国大陆罗非鱼养殖业的主要制约因素。所以，欲实现产业化，必须解决良种化及其苗种大批量生产和供应问题，大力推广单性（雄性）罗非鱼养殖。罗非鱼类性成熟较早、容易混杂。这种热带型鱼类在我国温带环境中容易退化，定期引进原良种是保证良种化的途径之一。

2. 建立行业协会，加强协调工作

建立行业协会，规范行业行为是罗非鱼出口发展的必然趋势。目前整个行业处在一种群龙无首、各自为政的无序状态。因此成立全国性的行业协会很有必要。由行业协会制定整个行业的规范，并加以引导和指导，才能从根本上改变整个行业的无序状态，使出口形势得到改善，使行业组织起到"润滑剂"和"催化剂"作用，按照市场经济的要求，推动产业发展。

3. 提高养殖技术，增强环保意识

我国水产养殖有着悠久的历史，但养殖技术和历史并不成正比。我国的养殖技术还比较落后，传统的养殖成分还占有相当大的比例，养出来的鱼品质较差，饲料系数相对也较高。同时，养殖过程中养殖户的环保意识不强，养殖废水的任意排放，抗生素和化学药物在一定程度上还存在着滥用乱用的现象。可以毫不客气地说，我国生产的罗非鱼价格较低，很大程度上是以牺牲环境资源为代价的，是未考虑污染环境资源这一巨大成本的。因此，为保护水域生态环境，提升罗非鱼产品质量档次，必须大力推进罗非鱼生态养殖，努力探索推广罗非鱼池塘生态养殖、池塘综合种养的生态养殖新技术。

4. 出口的同时要瞄准国内市场

在做好罗非鱼出口工作的同时，我们也应该把目光瞄准国内市场。改革开放以来，我国人民生活水平得到很大提高，已经具备消费罗非鱼及其加工品的水平。因此，我国罗非鱼产业最终最大的市场机遇仍然在国内。如何开拓国内市场，是广大养殖业主和经销商应该考虑的主要方向之一。

5. 注重品牌意识，提高产品竞争力

要使国货走出国门，就必须按照国际卫生标准严把产品质量关。从养殖场地选择、苗种培育、成鱼饲养、产品加工等全程实行监控。打造罗非鱼产品品牌，提升利润空间。在广东、海南、广西等罗非鱼主产省份（自治区）建立"龙头企业"，带动苗种、养殖、饲料、加工、贸易等相关企业发展，打造罗非鱼出口品牌，提高罗非鱼产品的出口价格，提升利润空间。

由于罗非鱼肉好味美，价位适宜而深受广大消费者喜爱，成为千家万户餐桌上的当家鱼之一。但我国罗非鱼人均占有量不到0.5 kg，因此供不应求，加上传统的国内市场以活鱼为主，冻全鱼、鱼片等加工品市场尚未打开，供需矛盾在我国缺水的内陆及低温的北方更加突出，因此国内消费市场仍有很大的上升空间。

针对罗非鱼养殖过程中存在的一些问题，如规格偏小、品质较低、缺少保鲜加工能力、种质严重退化、混杂、养殖技术相对落伍等，国内外科技工作者也做了大量的工作，但仍不能满足生产的需求，为此，建议从以下几个方面开展工作，以促进罗非鱼产业的发展：①抓紧罗非鱼的良种化。要实现罗非鱼良种化，必须运用现代生物技术和传统的遗传育种理论相结合，坚持长期的提纯复壮和选育种，尽快选育出有特色的品牌罗非鱼良种。②罗非鱼苗种生产专业化、规模化。为推进和提高内陆省份罗非鱼养殖，提高罗非鱼上市规格，应在沿海省份或内陆省份有温泉等生产条件的地方建立专业化、规模化的良种罗非鱼苗种生产基地，培育大规格罗非鱼鱼种，支撑内陆省份罗非鱼养殖产业的可持续发展。③提高罗非鱼产业化规模与水平。同其他养殖业的产业化一样，罗非鱼的产业化也是一项复杂而又艰巨的多学科、多系统资源整合的系统工程。因此，必须抓紧建立完善的产供销、贸工农一体化的生产经营模式，同时建立完善的技术推广和质量安全检测监督体系，来促进罗非鱼产业化规模的发展和产业整体水平的提高。④重视罗非鱼产业的科研和开发。针对罗非鱼产业的现状和进一步发展面临的问题，政府应加大对罗非鱼产业的科研支持力度。

第二章　罗非鱼的生物学特性

一、分类地位

罗非鱼在动物分类上属于脊索动物门，脊椎动物亚门，鱼纲，鲈形目，鲡鱼科，罗非鱼属。

二、形态特征

罗非鱼系鲈形目、鲡鱼科的一个属，体形略似真鲷和鲫鱼。尼罗罗非鱼体形略侧扁，背较高。与莫桑比克罗非鱼相比，个体较大，口小唇薄。尼罗罗非鱼下颌稍长于上颌，口无须，鼻孔左右各3个，无前后鼻孔之分。尾鳍末端为钝圆形，不分叉。体被圆鳞，侧线断续分上下两段。尼罗罗非鱼的体色随环境和繁殖季节而有变化，在非繁殖季节为黄棕色，鳃盖后缘有黑斑；眼黑色，眼眶红色；自鳃盖后方至尾柄有8～10条垂直的不太明显的黑色条纹。背鳍和臀鳍边缘为黑色，鳍上有黄绿色小斑点，尾鳍有明显的垂直黑色条纹10条左右。在繁殖期间，雄鱼的纵纹带消失，色变红，腹部呈黑色，胸鳍、尾鳍及背鳍的边缘呈红色。莫桑比克罗非鱼个体较尼罗罗非鱼小，口大唇厚。体色灰暗，鳃盖后缘也有一暗黑色斑点。繁殖期雄鱼体黑色，臀鳍与尾鳍边缘出现鲜艳红色，头部下方和胸部暗褐色。雌鱼体灰色，头部和胸部多为橄榄黄色。

三、生活习性

罗非鱼一般栖息于池塘底层。其活动情况昼夜有所不同：白天多在水的中上层活动觅食，中午能接近水面上层，但发现声响便会立即下沉躲避。下午则渐渐由水体上中层往下层活动,夜间则沉降到池底休息,一直到天明。尼罗罗非鱼和福寿鱼、奥尼鱼多在水体中上层活动,所以捕捞比莫桑比克罗非鱼容易得多。

罗非鱼对环境适应性很强,它能耐低氧,一般鲤科鱼类在水中溶氧量 2 mg/L 以下就会窒息死亡,而罗非鱼在含氧量只有 0.4 mg/L 的水中仍能生存。罗非鱼可以在高度密集和极肥的水域中正常生活繁殖。

罗非鱼同时能耐高盐度,在盐度高达 34‰ 的海水中能正常生活,而且从淡水移向海水或从海水移到淡水都能正常生活繁殖。其适宜的 pH 范围广,在 pH 值为 4.5~10 的酸碱度水体中均能生长。

罗非鱼属热带鱼类,养殖时最大的弱点是畏寒,在我国绝大部分地区不能自然越冬。罗非鱼的生存温度为 15~35 ℃,当水温降至 15 ℃时不摄食、少动。尼罗罗非鱼最低临界水温为 8.6 ℃,而奥利亚罗非鱼为 7.13 ℃。致死温度尼罗罗非鱼为 6.04 ℃,奥利亚罗非鱼更低,为 3.95 ℃。罗非鱼的最高临界水温为 40~41 ℃。最适生长温度为 28~32 ℃。

罗非鱼对温度变化十分敏感,当水温超过其适应范围时,则运动不正常,代谢不协调。在不适水温条件下,除鳃、嘴和胸鳍轻度摆动和两眼左右转动外,鱼体基本不动,只有遇到骚扰时,才有自卫反应。温度若再降(或升)连这种自卫能力也没有了,到了临界水温,鱼体会失去平衡,最终死去。

四、食性与生长

罗非鱼的食性很广,它是以植物食性为主的杂食性鱼类。在稚鱼阶段,罗非鱼以浮游动物为主要食物,随着生长,逐渐转以浮游植物为主食,这主要与其鳃的结构有关。在天然水域中,罗非鱼成鱼主要吃食丝状藻类和植物碎屑。

尼罗罗非鱼在体长 2 cm 左右时有捕食仔鱼习惯,所以在产卵池中要及时捞苗。

在养殖条件下，罗非鱼以有机碎屑、浮游生物、人工饵料、丝状藻类、大型植物以及蚯蚓、孑孓和虾类为食。浮游生物包括浮游植物中的硅藻、裸藻、甲藻、绿藻和浮游动物中的轮虫、枝角类、桡足类等。罗非鱼还能吃食一般鱼类无力消化的蓝藻类植物，如微囊藻、鱼腥藻等对池塘十分有害的藻类。

人工投喂的米糠、麦粉、豆饼、菜饼、蚕蛹、鱼粉等罗非鱼也十分爱吃。在食物紧缺时，它们甚至吃池塘底泥。罗非鱼性贪食，食物不足时，常常发生大鱼吃小鱼、亲鱼吞食幼鱼现象，养殖时务必注意。

罗非鱼的生长主要在当年适温范围内。其生长可划分为三个生长阶段：1龄之前为旺盛生长阶段；1～2龄为第二生长阶段，其生长速度显著下降；2龄以后为生长渐趋停滞的第三阶段。因此，罗非鱼的养殖，主要把第一个生长阶段抓好，以充分利用罗非鱼生长优势。

不同品种的罗非鱼在生长上是有差别的。尼罗罗非鱼比奥利亚罗非鱼生长速度快10%～15%。杂交种奥尼罗非鱼比尼罗罗非鱼生长得更快。在实际生产中，应因地制宜选择生长较快的品种进行养殖。

罗非鱼雄鱼的生长速度显著大于雌鱼。在同等饲养条件下，雄鱼要比雌鱼重40%左右。雌鱼生长慢的原因，主要是繁育过密，而且有口腔含卵孵化的习性，雌鱼在孵卵时很少吃食，必然影响其生长。

五、繁殖习性

罗非鱼6个月即达性成熟，体重200 g左右的雌鱼可怀卵1000～1500粒。当水温达到20～32 ℃时，成熟雄鱼开始"挖窝"，成熟雌鱼便进窝配对，产出成熟卵子含于口腔内，雄鱼则同时排出成熟精子，随水流进入雌鱼口腔，使卵子受精，受精卵在雌鱼口腔内发育。当水温达 25～30 ℃时，经 4～5 d 即可孵出幼鱼，幼鱼至卵黄囊消失时离开母体。罗非鱼的繁殖与一般养殖鱼类不同，其性成熟早，产卵周期短，一年能繁殖几代，雌鱼将受精卵含于口腔中孵化，因此对繁殖条件要求不严，能在小水面静水体内自然繁殖。

（1）发情阶段　包括筑窝、守窝和配对等行为。当水温达 20 ℃以上时，雄鱼即离群在池边浅水区占据势力范围，并开始在池边用嘴挖产卵窝，此时雄鱼的婚姻色明显。产卵窝的大小视鱼大小而定，一般产卵窝的直径为 0.3～0.4 m，深 0.15～0.3 m。当其他雄鱼接近或侵入时，雄鱼即进行威胁并驱逐之。产卵窝挖好后，雄鱼即守候在窝的上方。当雌鱼群在附近游过时，雄鱼即游出拦截，逼迫其中的 1 尾雌鱼进入窝内。而雄鱼则围绕雌鱼做回旋运动，雌雄相咬，尾鳍拍水，并经常用头部触碰雌鱼下腹部进行求偶行动。此时，雄鱼婚姻色更为显著。

（2）产卵阶段　当发情至高潮时，雌鱼在窝中央产卵。产卵时间 15～30 min，分 4～6 次产出。雌鱼每次产卵后，转身就将卵含于口中，与此同时，雄鱼则排精于卵上，精子随着雌鱼含卵的过程进入口腔与卵受精。产卵后，口含鱼卵的雌鱼即离窝而游到池中央活动，而雄鱼仍继续守窝，并追逐其他雌鱼。

（3）孵卵、含幼阶段　罗非鱼鱼卵的孵化与鱼苗的哺育是在雌鱼口腔内进行的。在该阶段，雌鱼不摄食。孵化时，鱼卵在口腔内随着呼吸动作，由内而外、由下向上地翻动，以保证鱼卵有足够的溶氧条件。其鱼卵呈黄褐色，梨形状，卵径 2～2.5 cm。含卵雌鱼体色淡青灰色，下颌具 2 条纵行的黑色条纹。

（4）护幼阶段　当仔鱼卵黄囊逐渐变小，仔鱼开始转入混合营养期时，雌鱼在浅水区将仔鱼从口中吐出，并开始大量摄食。此时的仔鱼，游泳能力差，经常密集在雌鱼周围，边游动边觅食。往往仔鱼集群在上层，而雌鱼则在仔鱼群的下方保护。如有其他鱼类游近，雌鱼则竖起背鳍，用口嘶咬入侵者，将其他鱼类赶走。

（5）离母阶段 当鱼苗背鳍后端出现一个大而显著的半月形黑色斑点时，鱼的活动能力明显增强。此时鱼苗受惊后，往往不集中在一起，而是四散游走。雌鱼虽有护幼动作，但口含鱼苗数量日趋减少。最后幼鱼离母集群生活，雌鱼游至深水区活动。

第三章　罗非鱼营养需求与饲料

一、罗非鱼饲料营养要求

1. 罗非鱼对能量的需要量

能量不是营养物质，但能量不足或过高都会影响罗非鱼的生长。设计罗非鱼的饲料配方时，必须要考虑到饲料中能量与蛋白质的平衡问题。当饲料中能量不足时，饲料中的蛋白质就会作为能量被消耗掉；而当饲料中能量过高时，降低了罗非鱼的摄食量，减少了蛋白质或其他重要营养物质的摄入，从而影响了罗非鱼的生长。另外，能量的成本也较高。罗非鱼饲料能量水平参见表 3-1。

2. 罗非鱼对蛋白质的需要量

蛋白质是维持鱼体生命和活动所必需的营养物质，其含量的高低相对决定了饲料的成本。一般认为，罗非鱼鱼苗及鱼种阶段，饲料中蛋白质含量应为 30%～35%，成鱼阶段应不低于 25%。

3. 罗非鱼对氨基酸的需要量

罗非鱼对蛋白质的需求实质上是对氨基酸的需求，尤其是对必需氨基酸的需求。Kanazawa（1987）用同位素 C_{14} 示踪表明，罗非鱼同其他鱼类一样，需要 10 种必需氨基酸。杨青松等（1985）试验得出，当饲料中蛋白质的氨基酸组成比例与罗非鱼鱼肉蛋白的氨基酸组成比例较为一致时，罗非鱼获得了最佳增重效果。

4. 罗非鱼对脂肪和必需脂肪酸的需要量

饲料中脂肪既是能源又是必需脂肪酸的来源，同时脂肪又能促进脂溶性维生素的吸收，因此在饲料配方中具有重要地位。黄忠志研究表明，罗非鱼比草食性鱼类需要更多的脂肪，草鱼为 3.6%，罗非鱼则为 6.2%。佐藤等（1981）研究认为，罗非鱼需要 10%左右的脂肪。一般认为，罗非鱼饲料中的脂肪含量应为 4%～6%。

5. 罗非鱼对碳水化合物的需要量

碳水化合物是饲料中廉价的能源，如能合理充分利用碳水化合物，则能大大降低饲料成本。应当指出的是，水产动物对碳水化合物的利用远不如陆生动物，饲料中过量的碳水化合物将导致水产动物肝脏的损坏，形成脂肪肝。一般认为，罗非鱼饲料中碳水化合物的适宜含量为 30%～35%。

6. 罗非鱼对维生素的需要量

维生素是维持鱼类健康、促进生长发育和调节生理功能所必需的一类营养元素。罗非鱼不能在体内合成维生素，必须从饲料中获取。饲料中如长期缺乏维生素，将导致罗非鱼代谢障碍，严重时将出现维生素缺乏症。因此饲料中必须添加维生素。到目前为止，有关罗非鱼维生素需要量的研究不多。

7. 罗非鱼对矿物质的需要量

矿物质是维持鱼类生命所必需的物质，包括常量元素和微量元素。由于鱼类能够从水体中摄取部分矿物元素，使众多配方人员忽略了矿物元素的重要性。近年来罗非鱼因无机盐缺乏导致生长缓慢，甚至缺乏症的出现，表明罗非鱼饲料中仍需添加矿物质。

二、罗非鱼饲料营养标准

罗非鱼不同的生长阶段、不同养殖模式有不同的营养需求，对其饲料的要求也不尽相同，详见表 3-1。鱼种阶段蛋白质需求量池塘不低于 30%，网箱和工厂化等集约化养殖不低于 32%；食用鱼养殖阶段蛋白质需求量池塘不低于 26%～28%，网箱和工厂化等集约化养殖不低于 30%。

表 3-1　罗非鱼各生长阶段的营养需求表

评价指标		鱼种料 (0.6~50 g)		成鱼料 (50 g以上)		
		集约化	池塘养殖	集约化	池养前期	池养后期
		8050	8351	8052	8352	8353
主要指标	鱼消化能 (Mcal/kg) ≥	3.1	3.0	3.0	2.9	2.9
	粗蛋白质 (%) ≥	34.0	32.0	32.0	30.0	28.0
	可消化蛋白 (%) ≥	32.0	30.0	30.0	28.0	26.0
	粗脂肪 (%)	4.0~8.0	4.0~8.0	4.0~8.0	4.0~8.0	3.5~6
	赖氨酸 (%) ≥	1.68	1.60	1.45	1.30	1.20
	可消化赖氨酸 (%) ≥	1.55	1.50	1.35	1.20	1.05
	蛋氨酸 (%) ≥	0.56	0.53	0.50	0.48	0.45
	可消化蛋氨酸 (%) ≥	0.46	0.43	0.40	0.38	0.35
	原料组成 (动物蛋白≥kg/t)	60~80	40~60	30	豆粕≥100	豆粕≥50
参考指标	粗纤维 (%) ≤	7.0	8.0	8.0	9.0	10.0
	粗灰分 (%) ≤	14.0	14.0	14.0	14.0	15.0
	钙 (%)	0.6	0.6	0.6	0.6	0.6
	有效磷 (%) ≤	1.0	0.9	0.9	0.8	0.7

三、罗非鱼饲料配制、加工

1. 罗非鱼饲料形态

目前,我国罗非鱼饲料形态有两种,一种是普通颗粒料,另外一种是膨化料。在生产普通颗粒料时,饲料调质温度最好控制在 85~95 ℃,这样的话,饲料调质充分,糊化度好,水中稳定时间较长,饲料外形光滑美观。生产罗非鱼膨化料时,最好采用超微粉碎，80％以上过 80 目，这样生产出的罗非鱼料外形美观，而且对膨化机的磨损小，延长其使用寿命。无论是普通颗粒料还是膨化料，其直径大小基本上在 1.5～5.0 mm，但关于饲料应用期的分类各不相同，有鱼苗、鱼种、成鱼的叫法，也有鱼花、仔鱼、幼鱼、中成鱼等的称呼，也有按鱼体重的大小分类的，导致养殖者非常困惑，因此，国家很有必要对罗非鱼饲料的直径规格及其使用对象的大小做一个统一规定，使广大饲料生产厂商有标准可依。

　　2. 罗非鱼饲料添加剂的选择

　　（1）维生素预混料　有关罗非鱼维生素预混料的选择，主要是看其实际含量与罗非鱼维生素需要的差异，另外也要看其所使用单项维生素的情况。一般来说，尽量使用正规公司的产品，因为其采购的单项维生素基本是进口产品，在含量上也不会偷工减料。一般认为，罗非鱼饲料中维生素 C 无需采用单聚磷酸酯，使用包膜维生素 C 较为实惠与经济。

　　（2）矿物质预混料　氨基酸整合盐具有吸收率高，化学稳定性好，生物效价高等优点。李爱杰（1994）发现在每千克罗非鱼饲料中添加蛋氨酸微量元素整合物，可加速罗非鱼的生长，较对照组提高 17.84％～25.84％。吕景才等（1995）报道，在罗非鱼饲料中用氨基酸整合盐代替无机盐，其增重比对照组高 75.7％，饲料系数下降 29.2％，另外试验组鱼肌肉中蛋白质含量也高于对照组。

　　（3）促长剂（快大素、大蒜素、肉碱、醋酸镁等）　郭志勋等（2000）报道在罗非鱼饲料中添加 300 mg/kg 快大素，罗非鱼增重率可以提高 19.3％。大蒜素中的三硫醚对多种病菌具有杀灭和抑制作用，曾虹等（1996）在罗非鱼饲料中添加 50 mg/kg 的大蒜素，发现罗非鱼的增重率、成活率均高于对照组，饲料系数低于对照组。吴遵霖等（1998）报道，肉碱也可提高罗非鱼的增长速度。德国研究人员发现在饲料中添加 600 mg/kg 的醋酸镁可使罗非鱼增重 30％左右。

　　（4）雄性激素（甲基睾丸酮）　李家乐等（1997）研究表明，

在罗非鱼饲料中添加17a-甲基睾丸酮（MT）20 mg/kg，可让罗非鱼达到全雄，显著提高罗非鱼的成活率和增重率。但关于其在罗非鱼体内的代谢机理以及对人类健康的影响还需做更多的工作。目前，主要通过育种方法生产单性（雄性）罗非鱼。

（5）免疫刺激剂（β-glucan） β-葡聚糖（β-glucan）是一种免疫刺激因子，它在肠道内不被消化吸收，直接通过胞饮进入血液系统，激活巨噬细胞的活性，进而引发一系列的免疫反应，从而增强水产动物机体的免疫功能，抵抗外来病毒的侵袭，提高水产动物的增长速度。β-葡聚糖是近年来开发出来的新型免疫增强剂，其对罗非鱼的生长影响目前还未见相关报道。

表3-2 罗非鱼饲料配方参考实例（国内）

类型	配方组成（%）	粗蛋白质（%）
硬颗粒	鱼粉10、豆饼50、麦麸40，另加多维1.0、骨粉1.0、羧甲基纤维素1.0	34.1
硬颗粒（网箱网址）	鱼粉8、豆饼5、芝麻饼35、米糠30、玉米粉8、麦麸12、矿物质添加剂2	27.9
硬颗粒（流水养幼苗）	鱼粉15、豆饼35、麦麸30、玉米粉5、大麦粉8.5、槐树叶粉5、生长素1.0、食盐0.5	31.6
硬颗粒	鱼粉10、豆饼25、小麦麸65，另加蛋氨酸0.3、混合盐1.0、多维0.2	25.5

表3-3 罗非鱼国外饲料配方参考实例（国外）

类型/编号	鱼粉（%）	大豆粕（%）	玉米蛋白粉（%）	啤酒酵母（%）	次粉（%）	酒糟（%）	米糠饼（%）	混合维生素（%）	氯化胆碱（%）
幼鱼用1	45	10	3	3	30	1	6.7	1	0.3

续表

类型/编号	鱼粉（%）	大豆粕（%）	玉米蛋白粉（%）	啤酒酵母（%）	次粉（%）	酒糟（%）	米糠饼（%）	混合维生素（%）	氯化胆碱（%）
幼鱼用 2	40	19	3	3	28.7		4	1	0.3
幼鱼用 3	35	24	5	3	29.2			1	0.3
成鱼用 1	30	13		2	28	6	18.7	1	0.3
成鱼用 2	25	18	2		28	6	15.7	1	0.3
成鱼用 3	20	24	4	3	28	6	11.2	1	0.3

四、罗非鱼配合饲料种类及投喂

1. 饲料种类

不同品种罗非鱼，在不同的生长阶段，对营养的需求有一定的差别。尼罗罗非鱼小苗最适蛋白需求为 35%～40%，50 g 以上鱼种则为 20%～25%；奥利亚罗非鱼小苗最适蛋白需求为 36%，鱼种、成鱼为 26%～36%；罗非鱼养成饲料中，粗蛋白含量应控制在 25% 以上；集约化养殖时，粗蛋白含量应控制在 30%；饲料中动、植物蛋白的比例应以 1∶（2.8～3.4）为好；饲料中脂肪含量为 4%～6%，纤维素含量范围为 5%～20%；饲料中混合无机盐的需要量为 3%～5%；对磷的适宜范围为 0.54%～1.14%。在池塘养殖条件下，罗非鱼可通过摄食天然饵料而满足维生素的需要。在集约化养殖时，维生素的添加量约为鲤鱼维生素添加量的一半，也可通过结合青饲料的投喂，起到添加维生素的相同作用。

（1）糠麸类　南方多用米糠，北方多用小麦麸皮。

（2）油饼类　油类饼粕都是鱼类的好饲料。北方多用大豆饼粕、胡麻饼粕、向日葵饼粕；南方则多用菜籽饼、棉籽饼粕，此外，还有麻饼及花生麸等，这些较为大宗。饼粕类蛋白质含量高，但也含有不利于鱼类生长的有毒因子。如大豆饼粕中含有尿素酶、抗胰蛋白酶等，使用时应加热成熟饼为好。胡麻及菜棉籽饼粕亦有芥子苷、游离棉酚等有毒因子。在使用时，应将几种饼类与糠麸并用，以减少单一品种用量。值得注意的是，饲料配方中，棉饼成分用量达到50%时，将会对罗非鱼繁殖有影响。

（3）水陆生植物饲料　水陆生植物中芜萍、小浮萍、紫背浮萍是罗非鱼苗种和成鱼阶段所喜食的饲料。水浮莲、凤眼莲、水花生等水生植物，将其切碎，或打浆后投喂或掺入配合饲料中使用，也都是罗非鱼的好饲料。罗非鱼的苗种和成鱼，对池塘中的微囊藻、蓝藻类等藻类都能很好地摄食和消化。

（4）糟渣类和谷食类饲料　糟渣类也可作为罗非鱼的饲料。谷实类饲料最好以麦芽、谷芽的形式投喂为好。这里所指麦芽、谷芽是麦、谷刚见水萌动发芽而未出苗者，即可作为饲料，是极好的生物活性物质，如维生素、激素类的补充物。

（5）动物性饲料　主要是作为配合饲料的原料用，不宜单独喂鱼。鱼粉、血粉、肉骨粉等动物性饲料的主要特点是蛋白质含量一般高于油类饼粕，不仅易于消化，并且富含植物性饲料所缺乏的赖氨酸。

（6）配合饲料　目前，在我国罗非鱼配合饲料的生产和应用已非常普遍。饲料配方可根据各地的饲料来源情况，依据罗非鱼的营养需要和饲料原料营养成分，用多种原料组成。罗非鱼的饲料配方中，无论是用于池塘养殖，还是集约化养殖，配方中的矿物盐的添加是很重要的。对于池塘养殖，维生素混合物可以不予添加，罗非鱼可以通过广泛摄食天然饵料而获得；而对集约化的网箱养殖、温流水养殖，则必须添加矿物盐。

罗非鱼人工配合饲料形态有两种，一种是普通颗粒料，另一种是膨化料。在生产普通颗粒料时，饲料调质温度最好控制在 80～95 ℃。饲料经充分调质，糊化度好，水中稳定时间较长，饲料外形光滑美观。生产罗非鱼膨化料时，采用超微粉碎工序，80% 以上过 80 目筛，生产出的罗非鱼料外形美观，而且对膨化机的磨损小，延长其使用寿命。无论是普通颗粒料还是膨化料，其粒径大小基本上在 1.5～5.0 mm。但关于饲料应用期的分类各不相同，有鱼苗、鱼种、成鱼料的叫法，也有鱼花、仔鱼、幼鱼、中成鱼料的称呼，也有按鱼体重的大小分类的。一般膨化料价格高于普通颗粒料，但膨化料养殖效果优于普通颗粒料，养殖效益突出。

2. 罗非鱼的饲料投喂

饲料投喂——定点、定时、定质、定量。放苗后的前 15 d 管理是关键，为提高鱼苗体质，务必使用优质的饲料，少量多次。罗非鱼进入养殖水体后第二天即可开始投喂，饲料中蛋白质含量开始应为 32%～36%，每天投饲量为鱼体总重量的 6%～8%，开始阶段以粉料为主，沿池塘四周泼撒，逐渐将其引诱到固定位置定点投喂。依据鱼体生长速度、个体大小适时改变颗粒大小，切不可"改口"过早，否则会导致鱼生长规格不均。随着个体规格增长，投饲率逐渐减小，至 250 g 左右以后，投饲率可调至鱼体总重的 2%～3%，并保证饲料中蛋白质含量在 27%～29%。当其个体达到 500 g 左右时，罗非鱼进入生长最快的时期，日投饲量保持在鱼体重的 1%～2%，饲料中蛋白质含量在 25% 以上。每天投喂 2 次，一般时间分别在上午 8～9 时和下午 3～4 时。建议每 15～20 d 随机起捕 30～50 尾做一次罗非鱼平均体重的称重工作并记录在案，观察分析罗非鱼的生长情况。估算罗非鱼的总重量，及时调整投饲率，将有利于鱼快速的健康生长。饲料的投喂要根据鱼的摄食情况来定，如果在 30 min 内饲料不能吃完，那么下一次投喂暂停，这样直到鱼正常进食为止。

饲料的投喂也要取决于鱼的健康状况和气候的变化情况，如任何一方面出现异常，应立即减少投饵量，甚至停料，直到一切恢复正常。水温在 15 ℃以下和 32 ℃以上时要减少投喂，甚至停止投喂，这将有利于鱼的消化吸收、良好水质的保持和饲料成本的控制。

饲料的投喂要遵循"定时、定点、定质、定量"的四定原则，以及"看季节，看天气，看水色，看鱼的摄食情况"的四看原则，才能准确判断出鱼的正常与否，并及时作调整。但高温季节使用高蛋白含量的饲料，将很不利于鱼的消化吸收，容易造成暴发病的发生。高温季节应严格控制投饲量，尤其水体较肥时，不能投喂过多，否则极易造成缺氧泛塘。

第四章 罗非鱼品种与繁育

第一节 罗非鱼养殖新品种介绍

1996 年以来经全国原良种审定委员会审定的罗非鱼品种有奥尼鱼（GS-02-001-1996）、福寿鱼（GS-02-002-1996）、尼罗罗非鱼（GS-03-001-1996）、奥利亚罗非鱼（GS-03-002-1996）、尼罗罗非鱼"鹭雄1号"（GS-04-001-2012）、吉富罗非鱼"中威1号"（GS-01-003-2014）、吉奥罗非鱼（GS-02-003-2014）及莫荷罗非鱼"广福1号"（GS-02-002-2015）。

罗非鱼雄性个体比雌性个体生长快，2003 年首次利用橙色莫桑比克罗非鱼（♀）×荷那龙罗非鱼（♂）杂交繁殖出全雄的杂交F1（莫荷鱼）。近年养殖的罗非鱼多为单性罗非鱼养殖，主要养殖品种包括：奥利亚罗非鱼，雄性率达到90％；尼罗罗非鱼"鹭雄1号"，为超雄性罗非鱼，雄鱼比例达99.00％；"夏奥1号"奥利亚罗非鱼，雄性率高达93％；吉奥罗非鱼自然雄性率达92％；莫荷罗非鱼"广福1号"雄性率达到98％。

一、奥尼鱼

奥尼鱼是用奥利亚罗非鱼为父本、以尼罗罗非鱼为母本杂交获得的杂交优势明显的杂交种。奥尼鱼雄性率达90％以上，生长速度比奥利亚罗非鱼快17％～72％，比尼罗罗非鱼快11％～24％，抗病力和抗寒力较强。全国各地均可开展养殖。不过由于奥尼鱼的生长速度相对于吉富品系罗非鱼慢，因此这几年的养殖比例也有减少的趋势。

二、福寿鱼

福寿鱼是珠江水产研究所于 1978 年 7 月，把自泰国引进的尼罗罗非鱼作为父本，莫桑比克罗非鱼为母本杂交得到的子一代。福寿鱼体形与尼罗罗非鱼相似，呈灰绿色，适宜生长温度为 20～35 ℃，食性同亲本，对饲料质量要求不高，以少量的精饲料配多量的粗饲料就能满足要求，还能摄食池塘底部和水中残饲碎屑，是池塘的"清洁工"。消化功能较强，有明显的杂交优势，福寿鱼生长速度比莫桑比克罗非鱼快 30%～125%，比尼罗罗非鱼快 10%～29%。具有个体大、生长快、肉质鲜美、雌雄个体比较均匀、耐寒力较强等特点，主要在我国南方地区养殖。但因体色黑和含肉率低影响其养殖的发展。

三、尼罗罗非鱼

个体大、生长速度快、食性杂、耐低氧、繁殖快，养殖范围遍及全国，是国内养殖最为普遍的罗非鱼种类。尼罗罗非鱼既有作为食用鱼养殖的经济价值，更有杂交优势利用价值。

吉富品系尼罗罗非鱼是 4 个非洲原产地尼罗罗非鱼品系和 4 个亚洲养殖比较广泛的尼罗罗非鱼品系经混合选育获得的优良品系。引入我国后，同国内以前引进的尼罗罗非鱼品系比较，并继续选育。吉富品系尼罗罗非鱼是现有养殖尼罗罗非鱼中生长最快的一个品系，生长速度比现有养殖尼罗罗非鱼品系快 5%～30%，单位面积产量高 20%～30%。

虽然尼罗罗非鱼具有上述养殖特点，但由于尼罗罗非鱼抗寒性较差，需要在冬季采取防寒措施；同时，在尼罗罗非鱼的养殖实践中，由于其性腺成熟早，繁殖周期短，往往因繁殖频繁导致种群密度过大，使个体小型化，严重影响着鱼产量的提高和降低了商品质量，因此这几年养殖的比例逐渐缩小。

四、奥利亚罗非鱼

为了控制尼罗罗非鱼过度繁殖，充分利用罗非鱼的雄鱼比雌鱼生长快的特点，从国外引进奥利亚罗非鱼作为奥尼鱼的杂交亲本，具有很高的杂交优势利用价值。奥利亚罗非鱼具有食性杂、耐低氧、繁殖快等特点，但奥利亚罗非鱼生长速度较尼罗罗非鱼慢10%～15%，为此，国内外开始了尼罗罗非鱼和奥利亚罗非鱼的杂交试验，大大提高了鱼苗的雄性率，达到90%，养殖效果明显。此外，奥利亚罗非鱼因引进过程中忽视提纯育种工作，造成品种退化，只用作福寿鱼杂交鱼的母本。

五、"夏奥 1 号"奥利亚罗非鱼

品种登记号：GS‐01‐002‐2006。

亲本来源：1983 年从美国引进的奥利亚罗非鱼群体。

选育单位：中国水产科学研究院淡水渔业研究中心。

品种简介：&ldquo；夏奥 1 号 &rdquo；奥利亚罗非鱼是在1983 年从美国奥本大学引进的奥利亚罗非鱼群体基础上十代连续群体选育，结合遗传标记、杂种优势利用等培育而成的优良新品种。以该品种作为母本，生产的奥尼杂交鱼具有雄性率高（大规模生产可达 93%以上）、起捕率高（两网起捕率可达 80%）、出肉率高（达 35%）等优点。适宜于在我国大部分具有淡水水域和盐度不太高的咸水水域的地区养殖。

六、尼罗罗非鱼"鹭雄 1 号"

该品种由厦门鹭业水产有限公司，广州鹭业水产有限公司，广州市鹭业水产种苗公司，海南鹭业水产有限公司等单位于 2012 年选育并通过全国水产原种和良种审定委员会新品种审定，品种登记号：GS－04－001－2012。

该品种的母本为经选育的尼罗罗非鱼，父本为利用遗传性别控制技术获得的染色体为 YY 型的超雄尼罗罗非鱼，经交配后获得的 F1，即为尼罗罗非鱼"鹭雄 1 号"。与一般养殖的尼罗罗非鱼相比，该品种雄性率高，群体中雄鱼比例达 99.00％以上，生长速度和出肉率性状优良。适宜在我国南方人工可控的淡水水体中养殖。

七、吉富罗非鱼"中威 1 号"

该品种为中国水产科学研究院淡水渔业研究中心，通威股份有限公司从 2006 年世界渔业中心引进的 60 个吉富罗非鱼家系为原始亲本，以生长速度和抗逆性能为选育指标，采用家系选育和 BLUP 育种值评价技术，经连续 5 代选育而成。于 2014 年通过全国水产原种和良种审定委员会新品种审定，品种登记号：GS－01－003－2014。

该品种在相同养殖条件下，6 月龄平均体重比其他吉富罗非鱼提高 15％，对链球菌引起的细菌性疾病敏感性降低，死亡率比其他吉富罗非鱼降低 14.0％，出塘规格整齐。适宜在我国南方人工可控淡水中养殖。

八、吉奥罗非鱼

该品种为茂名市伟业罗非鱼良种场，上海水产大学以经 5 代选育的新吉富罗非鱼为母本，以经 9 代选育的以色列品系奥利亚罗非鱼为父本，获得的子一代，自然雄性率达 92％，出肉率高，于 2014 年通过全国水产原种和良种审定委员会新品种审定，品种登记号：GS－01－003－2014。该品种在相同养殖条件下，6 月龄平均体重比奥利亚罗非鱼提高 25.0％以上，抗逆性能明显优于吉富罗非鱼。适宜在我国南方人工可控淡水中养殖。

九、莫荷罗非鱼"广福1号"

（一）品种来源

该品种为中国水产科学研究院珠江水产研究所选育，以2001年从美国引进的橙色莫桑比克罗非鱼和荷那龙罗非鱼分别经8代群体选育的后代为母本和父本，杂交获得的F1，即为莫荷罗非鱼"广福1号"。于2015年经第五届全国水产原种和良种审定委员会第三次会议审定通过，品种登记号：GS-02-002-2015。

（二）特征特性

莫荷罗非鱼"广福1号"体形侧扁，头部隆起。体色深褐色。口小端位，口裂不达眼前缘。体被栉鳞。侧线断折，呈不连续的两行。背鳍、尾鳍上有不规则斑点。尾鳍不形成明显的纵向或横向暗带条纹，末端为钝圆形，不分叉。尾鳍、背鳍边缘和胸鳍为红色；可在盐度0～30‰的水域中正常生长；不需驯化，可直接从淡水中移至盐度为15‰的水体中养殖，减少了驯化时间。规模化生产时杂交种的雄性率达到98%。在相同养殖条件下，与普通杂交罗非鱼（橙色莫桑比克罗非鱼♀×荷那龙罗非鱼♂）相比，6月龄鱼生长速度提高19.0%以上。

产量表现：莫荷罗非鱼"广福1号"新品种在海南等地进行区域试验和生产性试验，在盐度为18‰～30‰的水体中，放养体长为6～7 cm的鱼种，养殖周期为6～7个月，均重可达0.5 kg、亩产1000 kg以上。

（三）养殖要点

1. 亲本保种与培育

按照《莫荷罗非鱼"广福1号"新品种制种技术规范》进行。

（1）亲鱼保种时，莫桑比克罗非鱼和荷那龙罗非鱼应隔离饲养，建立亲鱼档案，严防混杂、逃逸。

（2）每亩亲鱼培育池放养合格产前亲鱼200～300 kg。池塘水温回升并稳定在 20 ℃以上时，即可放养亲鱼。水温在 26～32 ℃时为适合繁殖时期，28～30 ℃时最佳。

（3）选取体质健壮、性腺发育良好的橙色莫桑比克罗非鱼雌鱼和荷那龙罗非鱼雄鱼按 3∶1 比例放养，每亩放养雌亲鱼 600 尾，雄亲鱼 200 尾。

（4）亲鱼放入繁育池后，应加强饲养管理，保持池塘水质清新，溶解氧充足，适时加注新水，保持适宜水温，刺激亲鱼发情产卵。当亲鱼发情追逐，挖窝交配，再过 7～10 d，可见池边有鱼苗成群游动，遇惊吓即被雌亲鱼吸入口中（即护幼行为），此时已繁苗成功。

（5）见到池边有未散群的鱼苗后，采用筛绢制成的抄网，每天日出前捞取，随见随捞，防止大鱼苗吃小鱼苗，提高鱼苗成活率；集中一批，培育一批。

2. 苗种培育

按照《莫荷罗非鱼"广福 1 号"新品种制种技术规范》进行。

（1）培育池消毒、注水、施肥　放苗前 7～15 d，按常规方法对培育池消毒，消灭野杂鱼、虾、敌害生物和病原菌等。灌注新水应用滤网过滤，严防野杂鱼、虾、蛙卵等敌害生物进入池塘。施有机肥须经发酵腐熟，并用 1%～2%石灰消毒后使用。

（2）鱼苗放养　水温稳定在 20 ℃时，即可投放鱼苗。规格为 1～1.5 cm（全长）的鱼苗，放养密度一般为每亩 6 万～8 万尾。

（3）饲养管理　鱼苗下池时，先投喂豆浆，10 d 后还要增喂米糠或花生麸等，花生麸需浸泡后投喂，以后根据鱼苗生长和水温变化情况每 3～5 d 增加投喂量，增加量为上一阶段的 30%～50%。每天早、晚各巡塘一次，观察鱼苗的活动情况和水质变化，以便决定投饲量、施肥量和是否加注新水。

（4）锻炼和出塘　鱼苗经过 25～30 d 的培育，长到 3～5 cm 时就可以出塘，转入大塘进行食用鱼饲养。鱼种出塘前要进行拉网锻炼，以增强鱼的体质，并能经受操作和运输。

3. 商品鱼养殖

按照《莫荷罗非鱼"广福 1 号"新品种养殖技术规范》进行生产，主要包括：

（1）池塘清整　罗非鱼鱼种放养前 15 d，对养殖池塘进行清整、彻底消毒。池底平坦，沙壤土或壤土，不渗漏，淤泥厚度少于 20 cm；用生石灰、漂白粉等按常规方法进行全池消毒处理，消灭野杂鱼、虾、敌害生物和病菌等。

（2）养殖用水水源必须符合国标 GB11607 渔业水质标；井水、温泉水、河水、湖水、水库水、咸水或海水均可，水体盐度范围为 0~30%。

（3）鱼种放养　池塘水温回升并稳定有 20 ℃以上时，即可放养鱼种。鱼种要求规格整齐，体质健壮，无伤、无病，游动活泼，并且一次放足。通常体长 8~10 cm 的越冬鱼种每亩放 1000~1500 尾，体长 4~6 cm 的夏花鱼种每亩放 1500~2000 尾。

（4）饲养管理　以配合饲料为主，辅以饼粕、糠麸。鱼种放养后第 3 d 开始投喂，根据鱼口径调整投喂的颗粒饲料粒径。成鱼阶段要求饲料蛋白质含量为 25%~30%，日投喂量为鱼体的 3%~5%，日投喂 2 次，上下午各投一次。投喂量根据水温、天气、水质肥瘦、摄食等情况适量调整，阴雨天或鱼浮头时应停喂。每天早、晚注意巡塘，观察鱼的摄食情况和水质变化。每 15~20 d 注水一次，高温季节可视情况增加注水次数。每 0.5~1 hm² 配备 1.5 kW 叶轮式增氧机一台，每天午后及清晨各开机一次，每次 2~3 h，高温季节可适当增加开机时数。保持池水"肥、活、嫩、爽"，透明度为 25~40 cm，溶解氧大于 4 mg/L。

（5）起捕上市　按鱼体出池规格要求确定出池时间。当年鱼苗（体长 6~7 cm）在盐度为 0~30‰ 的环境下，常规饲养 6~7 个月个体均重达 500 g，可作为商品鱼出售。当水温下降至 15 ℃时，所有罗非鱼均应捕完。

（6）饲料和药物使用　养殖过程中使用的饲料、药物需严格按照 NY5072《无公害食品 渔用配合饲料安全限量》、NY5071《无公害食品 渔用药物使用标准》执行。

（7）越冬管理　越冬池应选择地势较高、背风向阳、水质良好、水电方便的池塘或水泥池，搭建塑料大棚保温越冬，越冬前要清池消毒。冬季室外水温降至 20 ℃前，转入越冬池，春末室外水温回升并稳定在 20 ℃以上后，将鱼移出越冬池。选择体质健壮、体形匀称、无伤病、肥满的个体越冬。在进池前应对鱼体进行药物消毒，可用 2‰～3‰食盐溶液（不加碘）浸泡鱼体 5～10 min。体重每尾 0.5～1 kg 的成鱼，每亩放养 800～1500 kg。整个越冬期间要求水温保持在 16 ℃以上，一般水温控制在 18～20 ℃。池水保持溶氧 4 mg/L 以上。投喂配合颗粒饲料，一般投饵量控制在 1%～2%。

适宜区域：适宜于盐度 0～30‰的水域养殖，尤其适宜于沿海、咸淡水地区与凡纳滨对虾等品种混养。

第二节　罗非鱼人工繁育

一、罗非鱼繁殖特点

罗非鱼是一种热带鱼类，它具有很多的养殖特点，产量在世界上也排列第二，而且繁殖也没有别的鱼类麻烦，成熟的雌雄亲鱼只要水温稳定保持在 20 ℃以上的水池中就能自然进行繁殖。罗非鱼在繁殖方面的特点是：①性成熟早，吉富罗非鱼孵出后 2～4 个月，全长 10 cm 以上的鱼，即开始性成熟；②产卵周期短，通常每 30～50 d 繁殖 1 次，在我国南方地区，如广东、广西等地每年繁殖 5～6 次；③对繁殖条件要求不严，它能在静水小水体中正常繁殖；④雌鱼口腔孵卵、育幼，并具有护幼特性。因此，尽管每次的产卵量不多（第一次性成熟的雌鱼仅 300 粒左右，以后逐渐增多，体长 18～23 cm 的雌鱼产卵量为 1100～1600 粒，体长 25～27 cm 的为 1600～1700 粒，但由于有上述特性，其群体生产力高。

二、罗非鱼亲鱼培育

1. 繁殖池环境要求

罗非鱼繁殖池的水源要充足可靠，水质清新。江河、湖水均可作为繁殖池用水的水源，山泉、温泉、地下水亦可作为水源。注入的水源必须是无毒，无害的。池水进水、排水方便，供电情况良好，水陆等交通畅通、便利。

繁殖池的要求和准备。繁殖池一般选择 1～2 亩池塘为宜，这样便于技术上的管理。生产规模较大的单位可适当放宽，适用 3～5 亩的池塘。为充分利用光照、池形以东西向长于南北向的长方形鱼池为佳。池的长宽之比以 2∶1 或 5∶3 为宜。池堤须有一定坡度，坡度比例为 1∶2 左右。池深为 2.5 m 左右。池底要求平坦，池底坡度 1∶300 左右，有利于排水，池底淤泥厚以 6～10 cm 为宜。有益于调节水体肥度。池塘土壤以轻壤土或沙壤土较好，便于亲鱼挖窝。在亲鱼繁殖时期，为便于亲鱼在池边浅水处挖窝产卵，池水深可控制在 0.8～1 m。这对水温提高和对水色的调节也有利。

2. 亲鱼放养前准备

繁殖池在亲鱼放入前须进行清理和消毒。先将池水排尽，捕捉池内野杂鱼，清除过多的淤泥，平整池底，修筑和加固池堤，修补裂缝、漏洞，割掉池边杂草，曝晒数日即可清塘消毒。清塘一般安排在亲鱼下塘前 10～15 d 进行，时间不宜太迟或过早。清塘常用的药物有：生石灰、茶饼、漂白粉和鱼藤精等。

3. 繁殖池培水

清塘消毒后，注入新水。在注入水时须在进水口设置金属丝或尼龙丝密网，以防野杂鱼及其他有害生物随水入池。亲鱼放池前还须培育好水质，即采取施放肥料的措施，使水体变肥，为水中培育大量的饵料生物，供亲鱼摄食。施肥应在亲鱼下塘前 7 d 左右进行。常用的肥料有粪肥和绿肥。施放量按天气、水色及肥料种类而定。如施牛粪、猪粪，每亩施 $250\sim500$ kg，施绿肥每亩 $500\sim750$ kg为宜。经肥料促肥，水色渐呈绿色，亲鱼即能入池。为安全起见，在亲鱼入池前，在盛有池水的桶内，试放几尾作观察，以确认清塘药物的毒性是否消失。

4. 亲鱼放养与繁殖

（1）雌雄鉴别　体长到 6 cm 以上的吉富罗非鱼，可用肉眼鉴别雌雄。在生殖季节，雌雄鱼的外观差异很大。雄鱼婚姻色十分显著（头部、背部和尾鳍颜色变红），雌鱼体色远不如雄鱼那么鲜艳美观。

罗非鱼雌雄鱼的生殖孔有明显的区别：雌鱼腹部下方有 3 个孔，即腔门、生殖孔和泌尿孔；生殖孔在肛门与泌尿孔之间，内接输卵管。雄鱼只有 2 个孔，即肛门和泌尿生殖孔，泌尿生殖孔开在一个小圆锥状的白色突起的顶端，仅为一小点。在生殖期间，此圆锥状突起略下垂。

（2）亲鱼放养　按各种罗非鱼制种要求配种。

1）亲鱼的选择。用作亲本的罗非鱼，必须要纯种，在同一种群中应选择生长快、较大的个体，一般越冬鱼种应在 250 g 以上，雄鱼略大，留大去小。选择时，选用的亲本要求背高肉厚，鳞、鳍完整、色泽光亮，斑纹清晰，无病无伤，体形整齐，外部形态符合分类学标准。

2）放养时间。亲鱼放入繁殖池时水温宜稳定在 20 ℃以上，广东地区一般在 3 月中下旬即可进行配对产苗。建有温棚和控温设备，在 2 月中旬即可进行配对产苗。放养亲鱼要选择在晴天进行，并要一次放足数量。亲鱼入塘前应对鱼体进行消毒，用3‰～3.5‰

的盐水浸泡亲鱼 5～10 min 后才放入繁殖池，运输亲鱼时操作要轻快，尽量减少鱼体损伤，缩短亲鱼恢复时间，提早产苗。待全部亲鱼入池后，用 0.3 mg/L 浓度的二氧化氯进行消毒，预防亲鱼伤口感染和水霉病的发生。

3）放养密度和雌雄配比。亲鱼放养密度应根据池水溶氧能力、池塘条件、生产数量来确定，在常温池中，按 2000 m³（约 3 亩）水体配 1.5～2.2 kW 增氧机一台，放养密度可达每亩 1500～2000 尾，规格 250～300 g，在无增氧设备的条件下，每亩可放 300～500 g 的亲鱼 600～800 尾，早晚有塑料薄膜盖的静水保温增氧池，亲鱼放养密度为 1000～1200 尾，规格为 250～300 g。

放养时必须适当控制好雌雄配比，根据几年来我所的生产经验，雌雄配比以 2.5:1 或 4:1，获苗量较为理想，因雄鱼配入较多时，若无足够的饲料会大量吞食鱼苗，严重影响获苗量。培育与管理中。一般每亩放养亲鱼雌雄按 3:1 的比例投入，500～800 尾，尽量挑选优良的纯种作亲本，以确保子代获得较为理想的遗传因子。选个体大，无伤病，体健康的个体。雌鱼个体体重一般须在 150 g 以上，雄鱼在 250 g 以上。

（3）亲鱼培育　亲鱼经过长时间的越冬后，体质较弱，性腺发育较差，必须加强培育。按施肥与投料相结合的成鱼饲养方法强化培育，投料和施肥应视天气和亲鱼摄食情况而定，一般日投喂量为池塘亲鱼重量的 3%～4%，为促使亲鱼性腺尽快发育成熟，投料要求精、青饲料相结合，多样化，使营养全面化。亲鱼的精饲料蛋白含量应在 35% 以上，常用的饲料有豆粕、鱼粉、玉米粉、花生粕、黄粉作为亲鱼的饲料，最好是自购原料后自行制配成颗粒料。

亲鱼入塘后，要坚持早、中、晚巡塘，及时捞掉池中蛙卵和杀灭敌害，特别要加强对水质的管理，水色过浓或显示乌褐色时，要及时采取有效措施，换部分新水或泼撒石灰，以防止因水质恶化而使亲本缺氧浮头和泛塘造成的损失。坚持定期对繁殖池进行消毒和调节水质，一般每半月施用一次生石灰，用量控制在每亩 10～15 kg。定期施放一些微生物制剂，以改变池塘微生物群落，改善水生环境。

(4) 繁殖过程　罗非鱼的繁殖过程可分为以下五个阶段：

1) 发情阶段。包括筑窝、守窝和配对等行为。当水温达 20 ℃以上时，雄鱼即离群在池边浅水区占据势力范围，并开始在池边用嘴挖产卵窝，此时雄鱼的婚姻色明显。产卵窝的大小视鱼大小而定，一般产卵窝的直径为 0.3～0.4 m，深 0.15～0.3 m。当其他雄鱼接近或侵入时，雄鱼即进行威胁并驱逐之。产卵窝挖好后，雄鱼即守候在窝的上方。当雌鱼群在附近游过时，雄鱼即游出拦截，逼迫其中的 1 尾雌鱼进入窝内。而雄鱼则围绕雌鱼做回旋运动，雌雄相咬，尾鳍拍水，并经常用头部触碰雌鱼下腹部进行求偶行动。此时，雄鱼婚姻色更为显著。

2) 产卵阶段。亲鱼放养后，当水温上升到 22 ℃时，培育成熟的亲鱼便开始发情产卵。当发情至高潮时，雌鱼在窝中央产卵。产卵时间 15～30 min，分 4～6 次产出。雌鱼每次产卵后，转身就将卵含入口中，与此同时，雄鱼则排精于卵上，精子随着雌鱼含卵的过程进入口腔与卵受精。产卵后，口含鱼卵的雌鱼即离窝而游到池中央活动，而雄鱼仍继续守窝，并追逐其他雌鱼。受精卵的孵化和鱼苗的哺育是在雌鱼的口腔内进行的，在水温 25 ℃时 5～6 d 孵化出膜，28～30 ℃时 4～5 d 孵化出膜，从亲鱼发情产卵到鱼苗脱离母体独立生活，整个过程 10～15 d，所以在亲鱼放养 10 d 后要坚持每天沿池四周仔细观察是否有鱼苗活动，做到及时捞苗，以提高获苗率。

3) 孵卵、含幼阶段。罗非鱼鱼卵的孵化与鱼苗的哺育是在雌鱼口腔内进行的。在该阶段，雌鱼不摄食。孵化时，鱼卵在口腔内随着呼吸动作，由内而外、由下向上地翻动，以保证鱼卵有足够的溶氧条件。其鱼卵呈黄褐色，梨形状，卵径 2～2.5 cm。含卵雌鱼体色淡青灰色，下颌具 2 条纵行的黑色条纹。

4）护幼阶段。当仔鱼卵黄囊逐渐变小，仔鱼开始转入混合营养期时，雌鱼在浅水区将仔鱼从口中吐出，并开始大量摄食。此时的仔鱼游泳能力差，经常密集在雌鱼周围，边游动边觅食。往往仔鱼集群在上层，而雌鱼则在仔鱼群的下方保护。如有其他鱼类游近，雌鱼则竖起背鳍，用口嘶咬入侵者，将其他鱼类赶走。

5）离母阶段。当鱼苗背鳍后端出现一个大而显著的半月形黑色斑点时，鱼的活动能力明显增强。此时鱼苗受惊后，往往不集中在一起，而是四散游走。雌鱼虽有护幼动作，但口含鱼苗数量日趋减少。最后幼鱼离母集群生活，雌鱼游至深水区活动。

6）捞苗。一般在早晨或傍晚进行，比较好的方法是用手操网、小拖网，沿塘四周捕捞，每隔 3～4 m 远起苗一次，幼苗放入网箱中暂养，如此反复进行，每天捞 4～5 次，做到每天尽量将幼苗捞干净。捞苗时动作要轻快，待捞到一定数量后，即可计数将幼苗移到培育池，转入鱼苗培育阶段。由于罗非鱼在幼苗阶段有互相残食的习性，体长 1.5 cm 的鱼苗，已能吞食刚离开母体的幼苗，在生产中，可以用捞苗与捕苗相结合，捕苗时要用密眼网，底纲上的沉子不宜过重，让亲鱼能从网底逃逸。

亲鱼放养与繁殖需注意的几个问题：

a. 水温。亲鱼在越冬池移到繁殖池之前，要对越冬池进行降温，待水温与外界持平并在出池前 3 d 停料和加冲新水，过池时操作一定要小心，减少鱼体受伤，因这个时期的水温一般都不高，亲鱼伤口极易患水霉病，移池时除要选择晴朗天气外，一定要进行消毒后才放入繁殖池。

b. 水质。亲鱼产苗量的多少，水质是个十分关键的环节。水质不能过肥也不能过瘦，过肥亲鱼极易缺氧浮头；过瘦不利于培育亲本和幼苗的开口饵料。调节好水质，定期使用生石灰，在高温季节经常换走部分老水，注入新水，建议使用一些微生物制剂改善水质，增加溶氧。

c. 饵料。亲鱼产苗量的另一个关键环节就是饵料。作为亲鱼的饵料，一定要达到强化培育质量，而且要十分清楚饲料中所含的各种成分，亲鱼只有吸收到足够的蛋白能量，才能缩短产苗间隔期，增加产苗次数，提高出苗率。

d. 雌雄分离。罗非鱼在夏季高温期间出现停止产苗或减少产苗等现象，幼苗极难收集，此时可将亲鱼雌雄分开，进行隔离分塘培育，待到水温降到 30 ℃以下，再进行配对产苗，这样做的目的是能够收集一批较为集中的幼苗，有利苗种培育以及越冬。

三、鱼苗培育

1. 鱼种池条件

要求建于水源充足，水质良好，进、排水方便的地方，池形以长方形为宜，池向以东西长于南北为好，面积 0.5～1 亩，水深 1～1.5 m，池堤土质坚实，不渗漏，池底平坦，淤泥少，无砖石等杂物，水草较少。

鱼苗下池前 7～10 d 用生石灰清塘，池水深 7～10 cm 时，按每亩 50～75 kg 进行清塘除野。

为使鱼苗下池后能加速生长，提高成活率，需在鱼苗下池前培育出适当的天然饵料。为此，在放养前要施放基肥。施基肥的时间和数量，应根据肥料种类和池塘条件而定。施大草等绿肥时，应在鱼苗下池前 7～10 d，每亩投放 300～400 kg。大草堆在池边浅水处，使其自然腐烂分解，数日后将草堆翻动，使肥分向水中扩散，待叶、嫩茎腐烂后，将根茎残渣捞出。施放粪肥，可在鱼苗下池前 3～5 d，每亩按 200～300 kg 施放，施放时粪便须加水稀释后全池泼洒。

2. 培育形式

（1）原池培育法　是在亲鱼产卵育苗后将鱼苗留在繁殖池内培

育，亲鱼也留在繁殖池中继续下次繁殖。饲养管理上应注意投喂和培育的饵料，要同时满足亲鱼、鱼苗的摄食需要，这样既能保证亲鱼产后体力恢复和性腺再度成熟，又能避免亲鱼因过分饥饿而吞食鱼苗。

（2）专池培育　亲鱼在繁殖池产卵育苗后，待鱼苗长至 0.7～1 cm时，就捕出移入鱼种池内培育。刚孵出的鱼苗，在前7 d内成群聚集在池边不躲避，此时将鱼苗分出专池培育，不需要用网拉捕，只要每天用三角抄网将聚集在一起的鱼苗捞起即可。以适当稀放精养为宜，这样可缩短夏花鱼种的培育时间。一般每亩放 5 万～10 万尾鱼苗，在良好的饲养条件下，经 15～20 d 培育，可长至3 cm左右；若每亩放 4 万尾左右，15 d 左右可培育达 3 cm 规格。

专池培育能提高鱼种成活率，为成鱼池及时提供体质健壮的夏花鱼种，可于当年获得高产。

第五章 罗非鱼生态养殖技术

第一节 罗非鱼池塘生态养殖

罗非鱼池塘养殖方式有主养、套养等方式，可根据市场需要确定池塘养殖的方式，罗非鱼市场庞大，可采用池塘主养方式进行罗非鱼规模化养殖。下面主要介绍罗非鱼池塘主养。

罗非鱼是我们对通常养殖的尼罗罗非鱼、奥利亚罗非鱼、莫桑比克罗非鱼等的总称，具有食性广、耐低氧、生长快、发病少、繁殖能力强等优点，目前在我国养殖比较广泛，是许多地方渔民及养殖场增收的主要养殖品种。

罗非鱼属于热带鱼类，原产非洲大陆及中东地区太平洋沿岸淡咸水海区，是以植物性食物为主的底层杂食性鱼类，很贪食，有时会吞食幼鱼。其适温范围在 15～35 ℃。当水温低于 15 ℃，罗非鱼停止摄食，少动；当水温低于 8 ℃，罗非鱼开始出现死亡。罗非鱼的养殖方式主要有池塘养殖、流水养殖、网箱养殖、稻田养殖及海水养殖，其中采用最为广泛的是池塘养殖，下面主要就罗非鱼的淡水池塘养殖技术做一个总结和介绍。

一、池塘选择和准备

养殖罗非鱼的池塘要选择在交通方便、水源充足、排灌方便、水源没有污染的地方。对鱼塘的规格要求不严格，面积可大可小，一般来说以 3～5 亩为宜，要求池底平坦，塘基坚固，保水性能好；池塘水深一般要求 1.5～2 m，对于需要过冬的罗非鱼池塘，则要求水深 1.7 m 以上。为保证溶氧充足，每口池塘应该配备 1 台 1.5 kW的叶轮式增氧机。

在鱼苗放养前，应该首先进行清塘消毒。清塘的目的在于彻底杀灭塘中的病菌、寄生虫和混入养殖池内的凶猛鱼类。一般采取石灰清塘的方式，塘水保持 0.5～1 m，每亩放生石灰 150 kg，化浆全池泼洒。在清塘泼洒药物前，要事先将崩塌的塘基、漏洞修好，维修加固进排水渠道口，清塘后 3 d 内不要加进新水，以免影响清塘效果。

清塘结束后还需要对池塘进行施肥，主要施粪肥、绿肥及化肥等。一般是清塘后 3 d 进行，基肥主要施粪肥与绿肥，每亩施粪肥 250～300 kg 及绿肥 200～300 kg。粪肥和绿肥添加前须经过发酵腐熟，并用生石灰消毒，使用原则应符合 NY/T 394 的规定。如粪肥不足时可适量施些化肥，每亩施尿素 3.5～4 kg，或者每亩施氨水 100 kg。2～3 d 后，注水至 1 m 深，水色变成茶褐色或油绿色后即可投放鱼苗。

二、鱼种放养与搭配

南方地区到 4 月中下旬，当水温回升并稳定在 18 ℃以上时，即为鱼种的适宜投放时间。放养密度应该根据水源、水深、有无增氧设备，养殖方式及养殖技术的高低而灵活掌握。单养时，一般每亩放养 6～10 cm 的越冬鱼种 1500～2000 尾，通常为了保证年终时能够有较大规格的成鱼上市，放养密度控制在每亩 1000～1500 尾。对于 4～5 cm 的夏花鱼种，放养密度则一般控制在每亩 2500～3000 尾；如果放养 1.5～2 cm 的鱼苗，则一般每亩放养 4000～5000 尾。放养的鱼种要求规格整齐，健壮无伤无病。

池塘主养罗非鱼时，一般需要少量混养其他鱼种，可以起到充分利用池塘空间和合理生态布局的作用。当投放规格 4.0 cm 以上的罗非鱼苗时，可以同时投放大规格的花鲢 40 尾，白鲢 30 尾，也可搭配少量的鲤、鲫鱼等。在放养罗非鱼苗 3～4 个月后，还可以再放养规格 3 cm 左右的鳜鱼 30～50 尾，目的是控制罗非鱼繁殖的子代。罗非鱼鱼种阶段最好不要混养过大规格的其他鱼种，以防止其他鱼种与罗非鱼争夺饲料。

三、喂养与管理

1. 饲料投喂

罗非鱼进入养殖水面后 2～3 d 便可开始投喂。罗非鱼的食性很广，如小麦、玉米、饼粕等均是它的优质饲料。但是，在人工高密度养殖的条件下，还是应该投喂全价配合饲料，尤其是罗非鱼膨化浮性饲料。因为膨化配合饲料具有营养全面均衡、消化率高、减少设施浪费等特点。根据罗非鱼的营养需求，罗非鱼在幼鱼阶段饲料中的蛋白含量应该在 32％ 左右；当个体规格长至 50 g 以上时，其饲料中的蛋白含量要保证在 30％ 以上。投喂颗粒饲料的大小要适口，体重 50～200 g 的鱼种宜投喂直径为 3 mm 的颗粒饲料，200 g 以上的鱼种宜投喂直径为 5 mm 的颗粒饲料。

罗非鱼的最佳生长温度是 22～32 ℃，此时食欲旺盛，所以要尽可能地满足其对饲料的需求。要求一天最少投喂两次，上午 9：00～10：00，下午 4：00～5：00。一般根据鱼体的规格来确定日投饵率，以下投饵率可供参考：体重 10～20 g，5％～7％；体重 20～50 g，4％～6％；体重 50～100 g，3％～5％；体重 100～200 g，2％～4％；体重 200 g 以上，2％左右。每 10～15 d 要调整一次投喂量。调整投喂量的依据来自鱼塘的存鱼量。鱼塘的存鱼量可采用随机抽样的方法来确定塘中鱼群的总重量。

此外，每天的投喂量还要根据天气、水温、水质、鱼的食欲情况灵活调整。天气晴朗，水质良好，鱼群食欲旺盛时，可正常投喂，如遇阴雨天气，气压低，水温低，水色过浓，鱼群食欲不旺，则应减少投喂量。

2. 水质调控

保持良好的养殖水质、丰富的溶氧是获得塘鱼高产的重要条件。虽然罗非鱼耐低氧的能力比较强，但良好的水质条件更能刺激其旺盛的食欲，获得较低的饵料系数，更快的生长速度，从而获得更好的经济效益。

养殖罗非鱼的池塘透明度要求保持在 25～30 cm。鱼种下塘后，为保持池水呈茶褐色，一般每周可以施肥 1 次，每次每亩施发酵粪肥 150～200 kg。当罗非鱼长到 250 g 后，不应再施肥培水，而要求全部投喂颗粒饲料，并定期 7～10 d 交替使用生石灰和微生态制剂调节水质，保护水体"肥、活、嫩、爽"，这样可以消除罗非鱼的异味，提高其鱼肉的品质。生石灰用量为每亩 20 kg；微生态制剂包括芽胞杆菌、EM 菌、光合细菌、硝化细菌制剂等，根据需要选用，按说明书使用。

养殖早期，由于塘中载鱼量少，可以少加水或不加水，随着气温的升高，池塘中水的深度应逐渐升高。在 5 月中旬至 6 月可逐渐加水至 1.5 m 深，7～8 月是高温季节，应该加水至 1.8 m 深左右。注入新水进鱼塘，要有过滤设施滤水，将野杂鱼滤掉，严防其他罗非鱼进入塘内繁殖、混杂。

在高温季节，一般要求每周换水 1～2 次，每次换去池水的20%～30%，这样可以使池水保持良好的水质。如果发现水质变坏，如水色变浓、变黑，甚至发臭，应及时换水。先将塘水放掉1/3～1/2，再放进新水，直到水质变好为止。养殖早期可以少开或不开增氧机，到养殖的中后期及高温季节，早上极易发生浮头现象，则应定期开机，天亮前和中午每次开机 1～2 h。如果载鱼量大，天气变化、气压低、有严重浮头现象时，则要延长开机时间。

3. 日常管理

在日常管理中，应坚持经常巡塘检查，注意观察鱼群活动情况及水色、水质等，除适时开机增氧和加换池水外，还需保持池塘清洁和安静，及时清除池中残饵和污物，创造良好的养殖环境。一般每天早、中、晚都应该测量水温、气温，每周应该测 1 次 pH 值，测 2 次透明度。

4. 收获

一般罗非鱼的池塘养殖有两种模式。一种为年初放养 100 g 左右的鱼种，养殖到当年 7 月后全部罗非鱼达到 550 g 以上时全部上市、干塘。紧接着放养当年春天的罗非鱼苗，进行当年第二次养殖，年底或次年春天罗非鱼又全部达到 550 g 以上，收获第二次。另外一种为年初放养的鱼种到下半年以后，每亩水体载鱼量已达 600 kg 以上，密度过大，鱼类生长变慢，此时根据市场行情，灵活适时将 500 g 以上的鱼捕捞上市，捕大留小，第一次捕捞约占放养量的 1/3，一个月左右大部分已长到 800 g 以上时再捕 1/3，余下的养到年底或翌年春上市，获得好价钱。

当前罗非鱼主要用作鱼肉片加工，一般条重 400 g 以上的就可以上市，600 g 以上的价格有所提高，800 g 以上的价格比 400 g 以上的普遍每千克高 2 元，所以建议养殖大规格成鱼出售。

5. 罗非鱼的越冬管理

罗非鱼有不耐寒的弱点，为了预防鱼被冻死，要保证在越冬期间池塘的水温在 16 ℃左右。如果水温达不到则不建议进行越冬养殖，或者在水温降低到 15 ℃之前完成收鱼。入冬时应该尽量加深塘水，池塘北角搭建挡风棚，并在水面围养水葫芦，阻止鱼塘水上下对流，推迟塘底降温的时间，有条件的可以把鱼塘加以改造，加深塘水至 2.5 m 以上。

第二节　养殖案例——池塘主养全雄罗非鱼

一、养殖品种介绍

全雄罗非鱼生长较快，个体相对较大，因而成为大家争相养殖的对象。其全雄罗非鱼的转化控制技术主要表现在两个方面。

一是物理控制。人工诱导鱼类四倍体的研究是近年来鱼类遗传育种工作中的主攻方向之一。采用静水压或静水压与冷休克结合处理两种方法进行抑制第一次卵裂诱导罗非鱼四倍体，让其四倍体鱼再与正常二倍体鱼交配得到大量的可供养殖生产的三倍体后代，得出的三倍体全为雄性罗非鱼，全雄的三倍体罗非鱼没有繁殖能力。国外有学者曾在罗非鱼卵裂前采用 7500 psi 的压力和 7.5 ℃的冷水处理 7 min，成功地诱导出四倍体胚胎。但由于鱼类四倍体的诱导方法本身具有一定的难度，还没大量繁殖成功。

二是种间杂交。现有很多设备齐全的鱼苗孵化场采用雄性的奥尼罗非鱼与雌性的尼罗罗非鱼种间杂交，得出的鱼苗雄性子代占 90％～95％，然后拿这一雄性子代与这一雌性子代配种，得出的全为超雄罗非鱼。这一代的超雄罗非鱼比其父代生长更快，但不能作为亲鱼保种。这种方法的重点在于雄性奥尼罗非鱼与雌性尼罗罗非鱼的保纯，因现在的河水中含大量的其他野生罗非鱼的鱼卵，如孵化用水处理不好的话，很易造成孵出的鱼苗不纯。这种方法在现在不失为获得大量雄性罗非鱼的好方法。

二、模式案例

湖北省英山县水产技术推广站及鸿达渔业专业合作社主养全雄罗非鱼，当年平均亩产达到 865 kg，生长速度及养殖单产明显高于常规罗非鱼。

三、模式技术要点

1. 池塘条件

全雄罗非鱼对水质的适应能力强，不论新、旧、深、浅的池塘均可养殖，高产池塘要求水源好，宜选在避风向阳、水源充足、水质清新、无污染、安静、交通便利的地方，池塘东西向，长方形，面积 1 亩以上均可，水深在 1.5～2 m，池塘底泥厚为 20～30 cm。每口池塘配备一台 1.5 kW 的叶轮式增氧机。同时，还要注意池塘水温的调控，全雄罗非鱼适温范围为 20～35 ℃，最适温度为 25～34 ℃，温度降到 16 ℃以下时，很少吃食或停止吃食，其生存最低温度为 4 ℃，最高温度为 42 ℃。尽管其耐温能力比其他罗非鱼要强，还应将其温度调控在其适温范围内，为其快速、健康生长创造条件。

2. 清塘施肥

老池塘在放养前应排干塘水，曝晒 7 d 以上，并在晒池期间修补池边，加固堤埂。晒塘后，每亩用生石灰 75～100 kg 化水全池泼洒进行清塘消毒。清塘后 7 d 左右，待药物毒性消失，用 60 目筛绢网过滤加水 70～80 cm，每亩施有机肥 300～400 kg，随水色转浓逐渐加水至 1 m 深。鱼种入池后，随水温升高和鱼体长大，逐步加到池塘最大蓄水深度。

3. 合理放养

要使全雄罗非鱼养殖成活率高，饲料减少浪费，必须控制好放养密度和配养鱼类。目前的养殖方式主要是池塘养殖和网箱养殖。适宜于与全雄罗非鱼混养的鱼类，主要有鲢鱼、鳙鱼、草鱼、鳊鱼和淡水白鲳等。每年春季当水温回升稳定在 15 ℃以上时便开始放养冬苗，选择体表光滑、无病无伤、游动活泼的鱼种进行放养，为便于养成期间饲养管理，要求放养规格整齐的鱼种，放养时用盐水消毒。池塘主养一般每亩放养罗非鱼种 1500～3000 尾，同时混养鲢鳙鱼种各 40～70 尾，以控制水质。罗非鱼在网箱中可以单养、主养或搭配养殖。鱼种应以大规格为好，进箱规格一般为尾重 10～50 g，平均以 30 g 为好。放养量应根据水质条件确定，溶氧量在 3 mg/L 以上时，放养密度每立方米水体放养 3～20 kg。另外，随着鱼体不断长大，为调节好养殖密度，提高效益，可分批起捕上市及轮捕轮放。以调节水体中的载鱼量，提高饲料回报率。

4. 科学投喂

在池塘养殖投喂要注意采取"四定"投饵原则，进行科学投喂。在池塘中设置 2 个左右的饵料台，以便定点投喂。要选择正规厂家生产的专用饲料，饲料配方合理，可保证罗非鱼生长迅速。避免饲料的浪费，饲料中蛋白质含量应为 32%～35%。初次投喂前应进行驯食，连续驯化 10 d 后，鱼苗基本正常吃食时可进行正常投喂。在夏花鱼苗下塘的前 10 d。由于池塘有大量的浮游生物，因此不投喂任何饲料；过冬鱼种下塘后第 3 天即可投喂。每天投喂 3 次，刚开始时沿塘四周均匀投喂，以后每天逐步缩小投料范围，并向饵料台处移动，1 周后，鱼便集中到饵料台处取食，此时定点在饵料台处投喂，投喂时间为每天的 8 点 30 分、12 点 30 分、17 点 30 分，日投喂量为鱼体重的 6%～8%；当鱼生长到每尾 100 g 以后，每天投喂 2 次，投喂时间为每天的 8 点 30 分和 17 点 30 分。日投喂量为鱼体重的 2%～4%，由专人负责称量并记录，同时，在每餐投喂后 1 h 检查饵料台的饵料剩余情况，再结合具体情况调整每餐的投喂量。为获取更为全面的营养并使罗非鱼保持旺盛的食欲，建议购买两种以上饲料进行交叉投喂。同时要根据天气、鱼类生长及水质情况等进行投喂量的调整。在 25～34 ℃时生长最快，应加大投喂量；在阴雨、闷热等恶劣天气时要减少或停止投喂。

5. 加强管理

全雄罗非鱼尽管对池塘条件及生产管理没有特殊要求，但对其日常管理却不可忽视。一是坚持日夜巡塘。每天坚持测量水温、气温 3 次，每周测一次 pH 值，测 2 次透明度。清晨、夜晚各巡塘一次并做好养殖日记。二是注意调节水质。鱼种下塘后，要保持池水呈茶褐色，透明度为 25～30 cm。一般每周施肥一次，每次施入发酵粪肥，用量按每亩 150～200 kg。在天气晴朗、水体透明度大于 30 cm 时可适当增加施肥量；水质过肥时应减少或停止施肥，并注入新水。在高温季节。一般每周换水 1～2 次，每次换去池水的 20%～30%。三是综合防治鱼病。要坚持健康养殖，按规程操作，防患于未然。同时要做好预防工作，苗种下池前用食盐水或高锰酸钾溶液浸洗鱼体 10～15 min，养殖过程中每 10～15 d 用生石灰按每亩 15～20 kg 化水全池泼洒，调节池水 pH 值至微碱性，用微生物制剂改善池塘微生物结构，改良水质，保护池水"肥、活、嫩、爽"。当溶氧低、鱼有轻度浮头时要开增氧机增氧。冬春季节受冻伤或运输、扦捕受伤容易引发水霉病，应尽可能避免。高温季节主要病害为嗜水性单胞菌引起的出血败血症，该病主要是养殖水质变坏、低氧、饲喂不善等应激因素导致病菌的感染引起，可以用口服卡那霉素等进行治疗，用量为每 100 kg 鱼每天用药 3～6 g 拌料投喂，连喂 5 d。四是适时均衡上市。全雄罗非鱼属热带鱼类，在非热带地区 11 月份天气较冷时易死亡，因此在平时要注意轮捕轮放均衡上市。适当的轮捕轮放不但能够提高水面产出，而且可以适时调整水体载鱼密度，改善水体状况，更重要的是能够随行就市，找准时机卖个好价钱。轮捕的同时，可根据水体情况，适当补放一些大规格鱼种，以避免水体的浪费。

四、养殖建议

1. 罗非鱼因其食性广、饵料要求低、生长快、适应能力强、病害少，已成为我国许多地方渔农及养殖单位增收的主要养殖品种。但是在罗非鱼养殖经营过程中，目前存在着种质退化、品种混杂、质量不高、管理粗放、成本趋高等诸多问题，导致产品市场价格低，养殖效益差。

2. 全雄罗非鱼生长速度及养殖单产明显高于常规罗非鱼，尤其适合于大规格罗非鱼养殖。

3. 有条件的地方宜提早放养早繁苗或放养越冬苗，争取早上市。

第三节　罗非鱼池塘综合种养

罗非鱼属于热带鱼类，在广东、南海等地区可两茬或三茬养殖，但在内陆省份养殖周期短，4 月放养的罗非鱼种，10 月上市，池塘有 5 个月的空闲期，可以利用空闲期种植冬季蔬菜。

近年，湖南株洲、常德、郴州等地利用温泉水，标粗从广东、海南来的水花苗种，培育大规格鱼种，池塘主养雄性罗非鱼良种，部分城郊池塘试种冬季蔬菜，获得了较好的池塘综合种养（种养轮作）效果。

该模式罗非鱼养殖部分同池塘主养罗非鱼，10 月份罗非鱼上市后，利用池塘空闲期冬种黑麦草养两茬白鹅，是渔业、畜牧、种植直接结合的复合型农作模式。此模式的研究与开发具有提高池塘利用效率、池塘效益和劳动生产率，降低养殖风险，降低外源污染，降低药物使用的综合优势。通过生态系统物质能量的内部循环，运用生物种间关系，全面提升社会、经济、生态效益。

冬春作物种类选择可根据市场需求、劳动力投入等选种。面积较大，劳动力投入有限时可散种黑麦草，利用黑麦草可以养殖优质草鱼、团头鲂，喂养白鹅；城郊池塘，可选种冬季时令蔬菜，如莴笋、红皮萝卜、白萝卜、上海青、白菜、芥菜、菠菜、茼蒿等。种植的黑麦草和蔬菜等作物主要利用冬季作物消解池塘养殖鱼类沉积物中的氮、磷，以及循环利用养殖户或渔场有机物发酵肥料，不另增施氮、磷肥等肥料。

根据澧县南美白对虾种养轮作试验示范，旱作冬季蔬菜可有效消解池塘底质氮、磷及有机质，晒池硬化了池塘底质，植物根系松弛了土壤，改善了池塘底质环境，增加了养虾时池底活性淤泥层，种养轮作池第二年养虾产量明显提高，投入减少，效益提高。其中，冬种时令蔬菜亩利润最高可达 4000 元，占池塘总效益的 50％以上，一般池塘冬种时令蔬菜的效益每亩在 2000 元左右。从种养轮作效果来看，池塘效益均提高 20％以上，极具推广应用前景。

第四节　因地制宜，开展罗非鱼集约化养殖

罗非鱼具有食性广、耐低氧、生长快、发病少、繁殖能力强等优点，且易饲养、市场旺，在国际市场上颇受欢迎，是水产养殖场增收的主要养殖品种，较易开展工厂化养殖，以及因地制宜地利用当地的溪流流水、温泉水、工厂余热水等开展集约化养殖。本书重点介绍怎样利用当地温泉水资源、溪流水资源以及工厂余热水资源开展罗非鱼大规格鱼种生产，开展罗非鱼集约化养殖。

一、温泉水养殖罗非鱼技术

怎样利用温泉水或温泉综合利用后余热水进行罗非鱼养殖？经过养殖实践，主要有两种做法：一是内陆省份可以利用温泉水放标粗和培育罗非鱼大规格春片鱼种；二是可以利用温泉水直接建集约化、工厂化的罗非鱼养殖场，养殖罗非鱼食用鱼。利用温泉水资源培育鱼种可延长内陆省份罗非鱼养殖时间，提高商品规格，增加养殖效益。

（一）温泉水培育大规格罗非鱼种

内陆省份由于受气候条件限制，不能越冬，池塘罗非鱼每年只有 6～7 个月的生长期，10 月底、11 月初罗非鱼必须上市。因此，其推广养殖的瓶颈主要在于苗种和大规格鱼种的培育。从南方进大

规格的罗非鱼春片鱼种，由于运输问题，大批量进罗非鱼鱼种并不现实，若能在南方省份购第一、二批的罗非鱼苗，在内地利用温热水资源将其标粗培育，并生产大规格罗非鱼种，再辐射推广养殖大规格的罗非鱼商品鱼，能取得较好的养殖效果。

温泉水罗非鱼苗种场建设，一般应建设有蓄水池、鱼苗池、鱼种池、生态净化池，有条件的地方也可建设亲鱼繁殖产卵池，开展罗非鱼鱼苗繁殖生产。

（1）蓄水池　主要用于水温调节与暴气，将温泉热水水温调节至罗非鱼苗种培育的最适温度，鱼苗培育期 25 ℃左右，鱼种培育期 30 ℃左右。蓄水池大小依据鱼苗鱼种池规模及日换水量确定。蓄水池上应有保温棚。

（2）鱼苗池　为靠近蓄水池布置的罗非鱼发花池，主要培育 3 cm 左右规格鱼种。鱼苗池主要用于南方所购第 1～2 批鱼苗的培养。面积 1～2 亩，占苗种场面积的 20％～30％，上加塑料薄膜大棚，以保持温度为恒温。一般鱼苗培育的放养量 5 万～10 万尾/亩，主要培育 3～4 cm 规格鱼种。

（3）鱼种池　一般布局在鱼苗池、蓄水池周边，面积占苗种场面积的 70％～80％。主要为分级培育春片鱼种，面积 3～5 亩不等。一级鱼种池放养 3 cm 规格夏花鱼种，每亩放养量 3 万～5 万尾，主要培育 6～10 cm 规格鱼种，可直接用于当年或来年罗非鱼食用鱼养殖；二级鱼种培育池每亩可放养 5 cm 以上规格鱼种 1 万～2 万尾，主要培育 10 cm 以上大规格春片鱼种，可用于来年大规格罗非鱼食用鱼养殖。

（4）生态净化池　为综合利用罗非鱼养殖用水，温泉水罗非鱼鱼苗鱼种场，还应建设面积 5％～10％的生态池，生态净化池布局在鱼场下方，与排水沟相连。鱼场各鱼苗、鱼种池的排水统一进入生态池，生态池主要放养鲢、鳙等滤食性鱼类以净化水质，生态池排水口应建设人工湿地，种植吸收氮、磷能力较强的湿生植物，生态池池水达受纳水体的排放要求后再外排。

（二）温泉水罗非鱼集约化养殖

利用温泉水对罗非鱼进行高密度流水养殖是重庆市热带鱼良种场近年来推广的一项新技术。此法鱼产量可达每亩 3 万～5 万千克的产量，可获利 5 万～7 万元。其关键做法如下：

1. 池塘建设

罗非鱼不耐低温。故在选择池塘基地时应考虑充分利用温泉水资源。同时注意其流量，要确保水温在一定范围。因此，鱼池应建在温泉水的源头附近。池的大小由几十平方米到几百平方米不限，池以长方形为佳。需 1～2 个进水口和 1～2 个排水口，排水口最好能排底层水，进出水口要据鱼体大小设置不同的挡污栅，池底以硬质底为好，有必要铺一层底泥。水流根据鱼的放养密度控制，一般在 0.2 m/s 以上。

2. 苗种放养

若为温泉水开春可放冬片鱼种，若一般地区，则在 3～4 月投放苗种，鱼种规格要求一致，以尾重 40～50 g 的罗非鱼种为佳。平均每平方米池面放 20～30 尾，入池前用食盐水进行消毒。

3. 投喂

可选择鲫鱼或草鱼成鱼饲料喂养，也可自配饲料，一般每日投喂 5～6 次，做到"三消四定"。日投饵率为鱼体重的 3%～5%，饲料以耐水性较好的颗粒料为好。

4. 日常管理

定期和不定期地对池塘消毒，清毒用生石灰和漂白粉均可，每 100 m² 用生石灰 5～7 kg 或漂白粉 2～2.5 kg 全池泼洒 1～2 次。同时应根据不同季节、气温对水速进行调节，夏秋季流速应提高到 0.6 m/s，初春、秋末入池流速宜为 0.3 m/s，要随时疏通出水口和进水口，防止鱼缺氧。

5. 疾病防治　罗非鱼一般不易发病，由于高密度和大量人工投饵，会产生一些营养性疾病或肠炎类疾病。在疾病流行季节，用 1.3 mg/L 漂白粉溶液全池泼洒并停止投饲，次日，可内服大蒜头、"三黄制剂"及抗生素等防治鱼病，预防一般推荐使用中草药，可 15 d 左右一次，每次连喂三天，治疗可针对性地加喂抗生素，连喂 6 d，能够有效预防和治疗肠炎病。

二、地热水养殖罗非鱼技术

1. 鱼池结构及配套设施

鱼池采用水泥护坡，池为长方形，底部仍为沙泥底质，长 30～40 m、宽约 20 m、池深约 4 m，面积 1～2 亩。鱼池上方安装弧形钢筋支架，冬季越冬搭建塑料大棚。每池根据面积大小设置 3～5 台增氧机。每个养殖场配备发电机，供停电时应急使用。养鱼水源由一台水泵抽取地下水，另外一台水泵抽取地热水，一般水温常年在 50 ℃左右。这两台水泵能够保证鱼池的水温常年在 30 ℃左右，这就解决了罗非鱼在北方地区养殖不能越冬的问题。

2. 放养鱼种

每亩可放养罗非鱼夏花鱼苗 20 万尾，一次性放养，放苗时使用二氧化氯等消毒，避免引入病菌。之后随着鱼苗不断长大，逐渐分池养殖，提高生长速度。最终每亩的放养数量在 3 万～5 万尾。

3. 饲养管理

（1）投喂量及投喂方法　以投喂配合饲料为主，鱼苗阶段投喂粉料，而且必须保证足够的投喂次数，否则会影响到鱼苗的成活率。投喂量根据鱼的活动及摄食情况灵活掌握，避免不足和过量。投喂时一般要求全部池鱼能摄食至八成饱。开始投喂时，鱼游至水面集群抢食，随后吃食的鱼逐渐减至总鱼数的 20％左右时停止投喂，鱼群逐渐游散，再次投喂，鱼抢食不积极，只占总鱼数的 20％～30％，每次投喂时间为 30 min 以上。苗种阶段投喂次数多，之后投喂数量逐渐减少，成鱼每天投喂 3 次即可。

（2）鱼病防治　　在利用地热水饲养罗非鱼时，时常会发生鱼病。由于饲养密度高，鱼发病时蔓延快，死亡率高。防治时应采取停水治疗。定期使用二氧化氯或者二溴海因等水体消毒剂消毒，定期在饲料中添加保护肝胆的中草药制剂能有效地预防疾病的发生。另外这种养殖模式存在三高的特点，即高温、高密度、高排泄物，针对这一特点，采取每半个月左右使用吸污泵抽取底部污物的方法，使用时不断移动吸污泵以取得良好的排污效果。问题特别严重时，采用倒池的方法。这样能有效地控制底部有机物的积累，减少毒害物质的产生，从而减少病害的发生。

（3）增加池水流量　　随着鱼体长大，池鱼总重量不断增加，要逐步增加池水交换量，以保证池水溶氧充足，促使鱼迅速生长。罗非鱼长到 5 cm 以上就可以适当开启增氧机，目的是提高溶解氧，高溶解氧含量对鱼的生长更为有利。

（4）适时起捕　　5 月份放养的鱼苗，到春节前后就可以达到每尾 500～750 g 的上市规格，可以根据市场价格情况陆续上市，到第二年 4 月份，当成鱼长至出池规格，全部都达到每尾 1000 g 左右，及时排水捕捞。鱼池经清洗干净、消毒，重新注入新水后，又可进行第二次饲养。按每亩的放养数量为平均 4 万尾，成活率 90%，平均每尾重量 750 g 计算，亩产量就超过了 2.5 万千克。

三、罗非鱼流水养殖技术

罗非鱼可适于高密度集约式养殖，是流水养鱼的理想对象。流水密养罗非鱼的类型与方式分简易流水养罗非鱼、引流密养式流水养罗非鱼、渠道金属网围栏流水养罗非鱼、工厂余热流水养罗非鱼、循环流水养殖罗非鱼等。

简易流水养罗非鱼是在山区农家的房前屋后、河沟旁、水库坝下的荒地上依地形构筑鱼池，利用山涧溪流、江河、渠道、水库等水资源落差，将水直接引入鱼塘养鱼。这种方式不需人工提水、增氧，水温不加调节，具有占用耕地少、节省能源、投资省、收益好等优点。全部采用自然水源，排出的水不重复使用，一直注入新水，因此水质条件较好。但水资源不再回收，耗水量较大，所以一般多用于水源充沛的地区。视供饵能力、排污情况，特别是池水交换量来确定养殖密度。夏季若池水每小时交换量能达到1次左右，每平方米水体可放养规格25～50 g罗非鱼1～1.5 kg，每平方米年产罗非鱼15 kg左右。

鱼池排列形式分并联池和串联池两种，并联池是池与池间进、排水口分开，水系独立，不易传染鱼病，单产较高。串联池主要利用灌渠主水道进行串联养鱼，由于排水口相连，溶氧量随串联鱼池个数增多而降低，且易传染疾病，单产较低，故同一地段以不超过三个鱼池串联。

进、出水口设在鱼池相对两端，进、出水口要求流速均匀、无死角。山区在雨季容易发生山洪暴发，要防止水中泥沙和树叶等杂物堵塞进、出水口，造成池内断水缺氧或外溢逃鱼，发现要及时清理。

引流密养式流水养罗非鱼是利用排灌渠、江河、水库、山泉等丰富的自然流水资源，无需电动机械抽水或只一次提水，在小水体中养殖罗非鱼，单产和劳动生产率很高。如广州三元里水产科学研究所从1979年开始，利用流溪河水库灌渠水落差1.5 m以上的条件进行借水还水养鱼。它们安装约900 m长、直径60 cm的引水管两条，把灌渠水经引水管自然流入养鱼池，流水养鱼水泥池22个，每个池面积30 m²，水深1.33 m，水体积40 m³，养过鱼的水从下游再流回灌渠。流水养鱼池每1亩净产草鱼、罗非鱼2万多千克。

渠道金属网围栏流水养罗非鱼是四川省眉山县首先开展的流水养鱼。渠道金属网围栏直接设置在渠道内的一侧或两侧交替位置，可以更好地获得渠道充沛的水量，利用渠水的自然流动，借助导流设施或挡水墙调控围栏内水的流速和水的交换量，使流经围栏内的水保持较高的溶氧量，为养殖鱼类提供良好的水域环境条件，从而可以提高放养密度、促进鱼类生长，达到高产目的。渠道金属网养殖的主要鱼类有罗非鱼、草鱼、鲤鱼、加州鲈等，每平方米年产鱼45～150 kg。

　　工厂余热温流水养鱼是利用工业生产中（如发电厂）排放的余热而进行开放式流水养鱼。该养殖方式既可以综合利用能源，又能有效地发展养鱼事业。如新疆乌鲁木齐市红雁池水产公司利用红雁池电厂排出的大量热水源在水泥流水池养罗非鱼，面积共0.89 hm^2，平均年收获 677.77 t。

　　循环流水养鱼既具有常规流水养鱼的特点，又能将养鱼用水回收反复使用，因此很适合于水资源贫乏或水污染较严重的国家和地区应用。这种养鱼方法集机械、电气、生物、化学、仪器、自动装置等现代化设施于一体，对流水养鱼过程中的主要环境因素如水流、水质、水温、增氧、投饲等进行控制，使鱼类始终生长在最佳环境条件下，从而加快鱼类的生长速度和提高鱼类的产量。

　　我国开展循环流水养鱼较晚，但已有不少成功的例子。如中原油田地处河南省濮阳市，水源缺乏，无法进行池塘养殖。后采用全封闭式循环水处理系统，它不受自然条件的影响，可以全年养殖。该油田采用 70 t 级工厂化养鱼系统。于当年设计，当年建成投产，初步建立起一种中国式工厂化养鱼系统。

第五节　罗非鱼稻田养殖

一、稻田选择及工程建设

　　（1）稻田选择　选择水源充足、水质良好、无污染、排灌方便的稻田，面积以 2～5 亩为宜。
　　（2）田间工程建设　包括环沟、田间沟和暂养小池。环沟沿田埋内侧田间开挖，要求沟宽 1 m、深 0.8 m。田间沟与环沟和稻田相连，视稻田大小还需挖横沟或"十""井"字沟，沟宽 0.8 m、深 0.5 m。暂养小池为 3 m×2 m×1 m，位于稻田排水口前或稻田中央。环沟、田间沟和暂养小池总面积占稻田面积 10%～15%。田埂加宽至 1～1.5 m，加高至 0.5～1 m。进水管采用管径 20 cm 的 PVC 塑料管，两端管口均用筛绢包扎，排水口用筛绢圈围防逃，筛绢一端埋入田底深 15 cm，一端高出水面 50 cm，两边嵌入田埂 10 cm。

二、鱼种放养

适时放养，合理密养对于保证稻鱼双丰收是非常重要的。稻田养罗非鱼放养时间，若是当年繁殖的鱼种，应力争早放，一般在插秧后 7～10 d，秧苗返青扎根后即可放养。放养隔年较大规格的越冬鱼种不宜过早，在插秧后 20 d 左右放养。放养过早鱼会吃禾苗。放养时，将鱼种投放到鱼溜里，使鱼种由此经鱼沟慢慢游到稻田里觅食，以便熟悉鱼沟、鱼溜。放养数量，由于各地放养鱼种规格不一，栽种水稻技术和施肥种类、数量等各有差异，放养量也有所不同。一般每亩放养 4～6 cm 的鱼种 300～400 尾，也可以放养罗非鱼为主，搭养少量草鱼、鲢鱼。

三、日常管理

（1）保持一定的水深　鱼种放养初，因鱼体较小，田水宜浅，有 6～7 cm 深即可，以后随着鱼不断生长，逐渐加深到 15 cm 左右。在整个稻田养鱼的过程中，应始终保持既不影响水稻生长，又适合养鱼的水位。

（2）要经常检查田埂　发现有漏洞和崩塌应立即堵塞和修补。做好防洪、排涝和防逃工作。随时注意观察天气情况，遇有大雨或暴雨时，要检查进、排水口及拦鱼设备是否完好，如有堵塞和损坏，要及时疏通和修补，防止漫水和逃鱼。

（3）做好清除敌害工作　如发现养鱼稻田中有水鸟、水蛇、黄鳝、田鼠等，应及时除灭。注水时防止从进水口进入野杂鱼。鱼放养后，要严禁鸭子下田。

（4）正确使用化肥和农药　养鱼稻田施化肥最好作基肥，如作追肥，应掌握少量、多次。施用农药要选择高效低毒、残留期短、对鱼毒性较小的农药，在喷洒前要适量加深田水，以稀释落入水中的农药浓度。使用对鱼毒性大的农药时，应先将田水排干，使鱼进入鱼溜，待药性消失后，再灌水让鱼入田内。施农药尽量喷洒在稻叶上，以免农药落入水中。

四、收鱼

一般在水稻收割前几天先疏通鱼沟，然后慢慢放水，让鱼自动进入鱼溜内，用抄网将鱼捞起，最后顺着鱼沟检查一遍，捞起遗留在鱼沟或田间的鱼。晚稻田养殖的罗非鱼，收鱼不能太晚，一般在稻田水温 15～18 ℃时就要收鱼，否则就会冻死，很难起捕。

第六章　罗非鱼养殖水底质管理

第一节　罗非鱼养殖水底质管理的主要内容

养鱼先养水、好水养好鱼，水产养殖必须做好水质管理；水产养殖不应对周边环境、周边水质产生影响，新时期水产养殖用水必须达标排放，因此，罗非鱼养殖的水底质管理十分重要，是罗非鱼养殖的主要内容之一。其水底质管理的主要内容包括溶氧管理、养殖用水理化因子管理及养殖尾水管理等，通过水底质的精细管理，达到减排、提质、增效的养殖目的。

一、溶氧管理

水生动物不同于陆生动物，常生活在溶氧不足的水环境中，尤其是鳃呼吸的鱼类、虾类。水中溶氧是鱼虾生存、生长的基础，与其生长、繁殖密切相关。溶氧充足，鱼虾正常生长；溶氧不足，即便饵料充足，温度适宜，鱼虾也不生长，抗病抗逆性能下降。精养高产池塘，水生生物和有机质较多，溶氧的消耗量大，养殖鱼虾常常处于缺氧状态，或浮头影响生长，或泛塘窒息死亡，直接对鱼虾造成影响；溶氧对鱼虾的间接影响，就是因溶氧不足造成的池塘的厌氧反应，活性淤泥层减少，致使鱼虾生存环境恶化，条件致病菌滋生，引起养殖鱼虾病害，对养殖生产造成较大损失。据统计，每年由于溶氧不足所造成的鱼虾直接损失（泛塘）5亿～10亿元，间接的病害损失100亿元左右。

因此，溶氧是池塘养殖的关键控制因子，是生态养殖关注的重中之重。养虾池必须有良好的溶氧生产能力，水体应该溶氧丰富。水体溶氧分布不均匀，表层溶氧高、底层溶氧低，晴天溶氧高、阴雨天溶氧低，应重点关注阴雨天溶氧、底层溶氧、淤泥层溶氧，开展溶氧精细管理，测氧养鱼。

溶氧管理，首先是池塘培水，使之具有良好的溶氧生产能力，池塘的氧主要来自于浮游植物的光合作用，因此应培水养水，保护浮游植物的光合作用和溶氧生产能力，控制池塘氮磷浓度，保持能量流转、物质循环渠道畅通，避免水质老化，蓝藻过度繁殖形成"水华"，适时开启增氧机增氧。

二、pH 值管理

罗非鱼对水体 pH 值的适应范围较广，只要 pH 值在 6.5～8.5 的标准值范围内均可，但罗非鱼更喜微碱性水体，pH 值在 7.5～8.0 较好，日波幅小于 0.5（上午 6～8 时和下午 3～5 时各测一次）。池塘生态养殖可交替施用生石灰和微生态制剂调节 pH 值、稳定水质和防治鱼病。

三、氨氮、非离子氨管理

我国渔业水质标准规定氨氮浓度应小于 1 mg/L，氨氮含量超过 2.00 mg/L 时，鱼虾就会出现氨氮中毒症状。氨氮在水体中以离子氨和非离子氨（分子氨）两种形式存在，对南美白对虾有毒性的主要为非离子氨，《渔业水质标准》规定水体非离子氨浓度不超过 0.02 mg/L，非离子氨超标可引起鱼虾中毒，较高时可使鱼虾中毒死亡，鱼苗对非离子氨耐受力低于商品鱼。水体非离子氨由水温、pH 值和氨氮推算。氨氮的主要来源是沉入池底的饲料、鱼虾排泄物、肥料和动植物死亡的遗骸。当氨氮的积累在水中达到一定的浓度时就会使鱼虾中毒。氨氮超标通常发生在养殖的中后期，这时候由于残饵和粪便的增加，池塘底部的有害物不断沉积，造成氨氮、非离子氨、亚硝酸盐等超标。影响氨氮含量的另一个主要因素是底泥，若底泥过厚，清塘不彻底，高温季节夜晚，水温较高时，底泥当中的有毒气体就会被释放出来，在这个过程中，氧气的消耗量会加倍，于是造成池水缺氧，氨氮含量也超标，鱼类大量浮头甚至泛塘。因此，养鱼先养水，调节好水质是保证鱼类健康成长的前提。当池塘氨氮较高时，可以在进水后开足增氧机充分曝气，并施用枯草芽胞杆菌等培水，维持池水藻相、菌相平衡，稳定水质；炎热天气需要经常加注新水，保持水体底层足够溶氧，同时每 7～10 d 定期施用复合微生物制剂分解有机废物，抑制氨氮产生，降低水体中的氨氮浓度。

四、水温及透明度

放苗要求不低于 20 ℃，不超过 33 ℃。水温低于 20 ℃可搭建冬棚，升温保温；水温高于 33 ℃可以加深水位、多开增氧机、泼洒小苏打来降水温。罗非鱼养殖透明度一般控制在 30～40 cm。

第二节 池塘水质精细管理

池塘精细管理是根据气候条件、池塘代谢的生物学规律、养殖模式及其对池塘的水底质要求，开展精确投饵、培水、调水，最大限度地发挥养殖效益的一种新型的池塘科学管理的方法。池塘精养水体的精细管理越来越多地在养殖生产中使用。

一、池塘精细管理的主要内容与要求

水质管理主要包括理化因子管理和生物因子管理两个方面的内容。精细管理的原则是必须确保养殖水体能量流转和物质循环渠道畅通，确保养殖投入品能发挥最大效益。养殖水体只有通过精细管理，科学构建运转高效的水生生物生态系统，才有可能形成高的养

殖产出，并维持较好的池塘生态环境。

（一）池塘水质要求

1. 养殖水源水质

养殖水源要求无工业污染，水质应符合《渔业水质标准》和《地表水环境质量标准》三类标准，引用地下水开展水产养殖时，水质应符合《地下水环境质量标准》。

2. 养殖水体的水底质要求

我国 2001 年从水产品质量安全的角度颁布了《无公害产品淡水养殖用水水质》，但尚未从水产养殖生产的角度制定有关水产养殖方面的水质标准。结合国内外有关研究，提出了如下养殖水体水质要求，在水产养殖实践中，可以参照此要求，进行"测水养鱼"。

（1）基本水质因子　是指养殖生产过程中应该时刻测定的水质因子，是池塘日常管理的基础，主要包括溶解氧（DO）、酸碱度（pH）、透明度、水温等 4 个最基本的理化因子，精养池塘应每天测定 2 次，溶解氧、pH 值应分表水层、底水层测定。有条件的地方还可测定水体硬度和碱度两个水质因子。

（2）营养因子　是指水体生物合成所需的营养盐类、微量元素和小分子有机物质（如维生素 B_{12}）等水质因子。在养殖实践中一般都比较重视氮和磷，而对微量元素重视不够，在高产池塘常形成微量元素耗尽区，应补充矿物质等微量元素，可以施用贝壳粉补充水体矿物质和微量元素。另外，维生素 B_{12} 也是浮游植物光合作用所必需的。

营养因子是池塘培水的主要内容，总体要求是池塘必须有较好的光合作用和生产氧的能力，精养高产池、养虾池除氮、磷等营养素外，还应补充矿物质和微量元素。

（3）底水层与底质　池塘底层更容易缺氧，缺氧时底层厌氧作用可产生大量的有机酸和硫化氢，而使底层水质偏酸性，因此，更应关注底层水体的溶氧和 pH，并关注淤泥颜色和厚度。

（4）有害代谢物及代谢转化机制　水体代谢所产生的有害物质众多，其中最主要的有亚硝酸盐、非离子氨和硫化氢 3 种，另外厌氧呼吸所产生的多种有机物质大都对水生动物有副作用，要求池塘具备代谢这些有害物质的转化机制，代谢物质的转化是一个复杂的生物学过程，应以微生物的多样性为基础，为了定量描述这种机制，可选用光合细菌（PSB）等指标进行测定，光合细菌是一种兼性厌氧的有益微生物，选用它作为代谢物转化机制的描述指标，有较好的代表性。

（5）有毒有害物质　要求池塘周边没有工业污染物、没有畜禽规模养殖场。

（6）微囊藻毒素　为池塘蓝藻过度繁殖时产生，出现"水华"的池塘，微囊藻毒素含量较高。罗非鱼养殖池塘应避免出现"水华"，水华除影响水质外，还影响罗非鱼品质，使罗非鱼带有泥腥味。

（二）池塘底部环境及底质要求

养殖水体底部环境常与地球化学土壤特点、养殖水体沉积物及水环境密切相关，养殖过程中众多疾病的发生往往最初都由底部环境的变化引起，可以说，底部环境是一切疾病的最初诱因。

1. 养殖水体沉积物

养殖水体沉积物主要包括养殖动物排泄物、残饵、动植物尸体、死亡的浮游生物细胞、加水、地表径流带来的物质等。沉积物中常含有大量的有机质，待分解。多年未清淤的池塘底层沉积物较多，常对养殖生产带来一定的不利影响。如细菌性出血败血病的最初诱因就是底部环境中溶氧低、氮磷含量较高，引起嗜水气单胞菌滋生所引起的条件致病性疾病。

2. 底部环境与水质因子的相互关系

底部环境与众多水质因子有关，但起关键作用的水质因子是底水层的溶解氧，水体溶解氧有周期变化，呈现出垂直分布、水平分布，底层处于补偿深度以下，底层溶氧靠表面补给，且由于水体的沉积作用和水生生物的呼吸，耗氧量非常大，故养殖水体底层溶氧常较表水层低得多。底层低溶氧和高耗氧，常使底层出现氧债，氧债多出现在夏季高温的傍晚至清晨、阴雨天的傍晚至清晨，缺氧又使底质沉积厌氧分解，产生硫化氢、亚硝酸盐等有毒有害物质，并使厌氧的病原微生物滋生。因此，溶解氧是水产养殖重要的制约因子，而又应特别关注底部溶解氧的水平。任何时候以底水层溶氧不低于 2 mg/L 为好。

3. 养殖水体的底质要求

多种鱼类混养的精养鱼池底泥自上而下依次划分为有氧层（0～1.5 cm）、相对无氧层（1.5～9 cm）和绝对无氧层（9 cm 以下）。有氧层参与氮循环的细菌动力学作用最活跃，这一层淤泥活性最强；相对无氧层参与氮循环的细菌动力学作用部分地受到含氧量和淤泥深度的限制，这一层淤泥活性略低于上一层，但潜在的活性不可忽视；绝对无氧层通常几乎不参与氮循环作用，活性极低。因此，可将有氧层和相对无氧层合称为活性淤泥层，称绝对无氧层为非活性淤泥层。鱼池底质管理是将活性淤泥层增加，通过增加底部溶氧，改善池底环境，预防疾病发生。

在池塘养殖生产过程中，为改善底质溶氧情况，常采取两种方法。第一种，在养殖结束清池后干塘晒塘 1～2 周，然后耕作翻动底泥，将有氧层、相对无氧层和绝对无氧层的底泥进行翻动调整，从而改变底泥分层；第二种，可在养殖过程中进行拉网锻炼，利用底纲的拖动从一定程度上翻动底泥，改变底泥分层。罗非鱼养殖池塘空闲期较长，可以冬种蔬菜或作物，吸收底泥中氮、磷，并通过植物根系，改善底部溶氧条件。

（三）微生态制剂在水底质管理中的作用

高产池塘高投入，一般都有较高的有机质含量，虽然晴天补偿深度以上层水光合作用强，生产氧的能力较大，但补偿深度以下水层的耗氧作用也较大，晚上和阴雨天的耗氧作用也较大，致使底层、阴雨天水体溶氧缺乏，严重时形成氧债。底层有机物在缺氧时多嫌气或厌气分解，降解速度慢，并伴有有机酸、硫化氢等有毒有害物质产生、积累。有毒有害物质的产生、积累又为水体嗜水气单胞菌等条件性致病菌的滋生创造了条件，这也解释了为什么池塘暴发性鱼病往往都是由底层鱼类如鲫鱼等先发病。一般底质改良剂都有絮凝、快速降解底层有机物的能力，可持续增氧、降低底层有毒有害物质，起到改良底部环境的作用。因此，有机质含量较高池塘，应时刻注意底层水底质环境的改善，常用池塘底质改良剂、光合细菌等微生态制剂改良底部环境，只有这样才能使高有机质池塘规避风险，保持高产。

光合细菌在南美白对虾养殖池塘中具有较好的调水和改良底质的作用，能利用池底代谢毒物有机酸、硫化氢等作为供氢体合成菌体，化害为利，并能为滤食性鱼类提供食物。因此，常施用光合细菌，可以在池底建立一种有毒有害物质的转化机制，化害为利，有较好的改水改底作用。光合细菌可以购买，也可养殖户自己培养，其培养基和培养方法参见附件。

（四）根据天气条件确定管理方案

池塘各项生物、物理及化学因素均与天气变化关系密切。微生物等生物的繁殖生长，水体初级生产力及产氧能力，池塘各水层及底部物质代谢的生物化学过程等无不与天气变化紧密相关，比较重要的气象因子有温度、光照、降雨及气压变化等。池塘精细管理应以天气预报，特别是 3 日内的天气预报为基础，科学制定和调整关于池塘培水、调水及投饵的方案。

二、看水养鱼——水色及调控

1. 什么是水色

水色是指水中的物质，包括天然的金属离子、污泥、腐殖质、微生物、浮游生物、悬浮的残饵、有机质、黏土以及胶状物等，在阳光下所呈现出来的颜色。培养水色包括培养单细胞藻类和有益微生物优势种群两方面，但组成水色的物质中以浮游植物及底栖生物对水色的影响较大。

养鱼先养水，水产养殖所要求的优良水质的一个最基本的判断标准是"肥、活、嫩、爽"，养殖实践中常用水色及其变化加以判定。水色有"优良水色"和"危险水色"两大类。

2. 优良水色的种类及在水产养殖中的重要作用

优良水色主要有"茶色或茶褐色水""黄绿色水""淡绿色或翠绿色水"和"浓绿色水"4 种。优良水色的重要作用主要有以下几个方面：①池中浮游植物组成丰富，光合作用强，具有较好的溶氧生产能力，池中溶氧丰富；②浮游植物种类易于消化，可为养殖对象提供天然饵料；③可稳定水质，降低水中有毒物质的含量；④可适当降低水体透明度，抑制丝藻及底栖藻类滋生，透明度的降低适合对虾栖息，并有利于对虾防御敌害，为其提供良好的生长环境；⑤可有效抑制病原微生物的繁殖。

良好的水色标志着池塘藻类、菌类、浮游动物三者的动态健康平衡，是水产健康养殖的必要保证。

（1）黄绿色水　为硅藻和绿藻共生的水色，我们常说"硅藻水不稳定，绿藻水不丰富"，而黄绿色水则兼备了硅藻水与绿藻水的优势，水色稳定，营养丰富，为难得的优质水色。可交替使用微生态制剂和生石灰等培育水色。

（2）淡绿色或翠绿色水　该水色看上去嫩绿、清爽、透明度在30 cm 左右。肥度适中，以绿藻为主。绿藻能吸收水中大量的氮肥，净化水质，是养殖各种动物较好的水色。绿藻水相对稳定，一般不会骤然变清或转变为其他水色。可交替使用微生态制剂和生石灰等培育水色。

（3）浓绿色水　这种水色看上去很浓，透明度较低。一般是老塘较易出现这种水色。水中以绿藻类的扁藻为主，且水中浮游动物丰富。水质较肥，保持时间较长，一般不会随着天气的变化而变化。可用微生态制剂维持水色，适当增加鲢鱼种放养。

（4）茶色或茶褐色水　该水色的水质肥、活、浓。以硅藻为主，为苗期的优质饵料。生活在这种水色中的养殖对象活力强、体色光洁、摄食消化吸收好，生长快，是养殖各种水生动物的最佳水色。但此类水色持久性差，一般 10～15 d 就会渐渐转成黄绿色水。可使用微生态制剂、活性黑土及可溶性硅酸盐制剂调节维持水色。

3. 危险水色的种类及调控

养殖过程中的危险水色主要有四种：即蓝绿色或老绿色水、绛红色或黑褐色水、泥浊水和澄清水。

（1）蓝绿色或老绿色水　水中蓝绿藻或微囊藻大量繁殖，水质浓浊，透明度在 10 cm 左右。能清楚地看见水体中有颗粒状结团的藻类，晚上和早上沉于水底，太阳出来就上升至水体中上层。这种情况在土塘养殖过程中经常出现。养殖对象在这种水体中还可以持续生活一段时间，一旦天气骤变，水质会急剧恶化，造成蓝绿藻等大量死亡，死亡后的蓝绿藻等被分解产生有毒物质，很可能造成养殖对象大规模死亡。

建议解决方案一：经常产生蓝绿藻过度繁殖的池塘，清塘后常使用微生态水质改良剂，可抑制有害藻生长，培植优良藻群，维持池塘藻相与菌相平衡；水体、底泥氮、磷及有机质较高，可利用冬闲期种植蔬菜吸收氮磷，并通过植物根系疏松土壤，提高活性淤泥层溶氧水平。

建议解决方案二：①晚上每亩泼洒水溶性维生素 C250 g，提高虾抗应急能力；②第二天上午太阳出来后，蓝绿藻或微囊藻已上升到水体中上层，用硫酸铜等集中泼洒杀灭蓝绿藻，下午 3 时左右再杀蓝绿藻一次，并于下午 5 时后开增氧机；③晚上开增氧机防止消毒后造成藻类死亡引起的缺氧；④用活性黑土、活性底改等澄清水体，改善水质和底部环境；⑤加注20％优良水色池塘的新水，补充优良藻种；⑥用光合细菌等微生态制剂调节水质，维持藻相与菌相平衡；⑦冬闲期轮种蔬菜。

（2）绛红色或黑褐色水　主要是由于养殖过程中裸甲藻、鞭毛藻、原生动物大量繁殖造成的。这种水色主要是前期水色过浓，长期投料过量或投喂劣质饲料，造成水体有机质过多，为原生动物的繁殖提供了条件。随着大量有益藻类的死亡，有害藻类成为藻相的主体，决定水色的显相。有害藻类分泌出来的毒素造成养殖对象长期慢性中毒直至死亡。这种浓、浊、死的水质，增氧机打起来水花呈黑红色，水黏滑，并有腥臭味，水面由增氧机打起来的泡沫基本不散去。

建议解决方案：①每天排去20％以上量的池水，并加补新水，使整个水体渐恢复活性；②使用活性黑土、活性底改，净化水体，改善水质和底部环境，一般使用后第二天水体的透明度会提高到20～30 cm；③晚上可每亩泼洒水溶性维生素C250 g缓解养殖对象的中毒症状，提高虾抗应急能力；④连续几天换水后，可用微生态制剂调节水质，维持藻相与菌相平衡，培育良好水色。⑤冬闲期轮种蔬菜。

（3）泥浊水　因土池放养密度过高，中后期出现整个水体的混浊，增氧机周围出现大量泥浆。此水中一般含有丰富的藻类，主要以硅藻、绿藻为主。由于养殖对象的密度过高，水体中泥浆的沉降作用，使水体中的藻类很难大量繁殖起来而出现优良的藻相水色。在养殖中后期，亚硝酸盐普遍偏高、pH值偏低，调水难度较大，养殖风险相当大。

建议解决方案：①控制放养密度，合理放养；②一旦出现混浊前兆，可用絮凝剂、活性底改等吸附，沉淀净化水体；③适当追施生物有机肥，并施放光合细菌调节水质，培植优良藻群，培育良好水色；④高温季节用消化宝降低水体亚硝酸盐浓度；⑤必要时可使用增氧剂预防低氧；⑥渐渐加深水位。

（4）澄清水 一般在早春气温低、光照不足的情况下出现。一旦澄清水持续5～8 d，很可能造成底栖藻类大量繁殖吸收水体中的肥料，进一步提高了肥水的难度。另一种情况是放养时水色较好，一般是在7～10 d后由于大量的浮游动物繁殖摄食藻类，造成整个水体清澈见底。

原因一建议解决方案：适当加深水位；用生物有机肥培肥水质，并配合使用光合细菌，提高池塘初级生产力；底栖藻类生长多时还要先用药物杀灭底栖藻类。

原因二建议解决方案：用生物有机肥培肥水质，并配合使用光合细菌等，提高池塘初级生产力。

三、测水养鱼

1. 常用检测项目

检测水质项目当然越多越好，但受生产单位条件限制，只能选用一些关键、方便、快捷、经济、实用的水质因子，所测定的因子在生产管理中应具有重要的作用和地位，是罗非鱼养殖的关键控制因子，能快速判断，现测现用，作为养殖生产水质管理的重要内容，能推广发展成为罗非鱼养殖不可缺少的重要环节，如溶解氧是池塘生物与非生物因子、有机与无机因子联系的纽带，是池塘直接或间接导致罗非鱼死亡的重要环境因子，是池塘一切管理的基础，如果说有一个因子能把池塘中所有的因子联系起来，那么这个因子必然是"溶氧"，且可现测现用，是测水养鱼的重要内容，生产管理上常用的测水养鱼项目及检测频次如表6-1。下面重点介绍一下采水器及水温、pH、透明度、溶氧、氨氮（非离子氨）、硬度、碱度及总磷等生产管理上重要水质因子的快速检测方法，并简要点明其重要功能。建议检测项目及检测方法详见表6-1。

2. 常用水质因子的快速测定

（1）溶解氧　水体溶解氧是水产养殖最关键的环境制约因子，并应特别关注底层溶氧与阴雨天的溶氧，过去养殖者对水体是否缺氧的判断主要凭经验，阴雨天、闷热天认为是缺氧了，该开增氧机了，没有一个科学的、可以定量的判别方法。湖南省水产科学研究所的研究工作人员建立了"溶氧（DO）参比卡法"，可现场 5 min 内判定出水体溶氧水平，确定是否开增氧机或进行水底质改良。

测定方法如下：用采水器采集不同水层的水样，用采水器的乳胶管放入 25 mL 的比色管底部取水样，取水样时要求漫出的水量为比色管水量的 2～3 倍，取水不留空间，用注射器加 A 液 0.5 mL、B 液 1 mL，加 A、B 液不能滴入，注射器针头入水深度在 1～2 cm，避免空气中的氧气进入水样中，加盖上下摇动数次，用参比卡对照，确定水样溶氧浓度。

（2）pH 值　pH 值是判定水体酸碱度和计算非离子氨的基本水质因子，与水体多种生物化学因子和水中各种生物密切相关，是池塘养殖中仅次于溶氧的基本水质因子。一般用 pH 计测定较为准确。

（3）透明度　池塘透明度是反映水体光能吸收度大小、水体浮游生物和有机物多少的一个综合性物理因子，为水体中黑白不分时的水体深度，生产上可用自制黑白盘测量，池塘透明度一般用厘米表示。

（4）氨氮及非离子氨　水体氨氮具有两重性，一方面氨氮是浮游植物光合作用氮吸收的有效形式，水体植物和浮游植物生长所需求的营养物质；另一方面，氨在水中有两种存在形式，即离子氨和非离子氨，非离子氨对水中动物有较强的毒性，或抑制鱼虾等水体动物生长，或使其中毒致死，《渔业水质标准》非离子氨限制值 0.02 mg/L。因此，氨氮的测定和非离子氨浓度计算十分重要，是池塘管理和指导培水的重要环节。

非离子氨的简易计算方法——计算卡法。非离子氨是通过 pH、水温和氨氮浓度，用计算卡分两步求得。第一步通过水温、pH 连接线，求出非离子氨在氨氮中的百分比；第二步通过第一步求得的百分比和氨氮浓度值计算出非离子氨浓度。另外，根据池塘氨氮本底值、水体 pH、水温和不影响鱼虾生长的非离子氨值（一般为 0.02 mg/L），通过计算卡也可以计算出池塘培水的施肥量，指导培水。

用法例 1：某水样 pH 为 7.8，水温为 28 ℃，氨氮为 1.3 mg/L，按图 6-4 中虚线求得非离子氨百分比，再根据氨氮浓度计算出非离子氨的浓度为 0.045 mg/L，超出渔业水质标准值。

用法例 2：某池水温度 28 ℃、pH7.8. 池塘氨氮本底值 0.3 mg/L，求出培水时生物有机肥的施用量（养分指标为氮 15%，主要为氨氮）。第一步，用温度与 pH 连线求得非离子氨百分比；第二步从非离子氨百分比，计算出非离子氨浓度为 0.02 mg/L 时总氨氮的浓度；第三步，从总氨、池塘本底氨氮值求得需补施的氨氮量；第四步，根据生物有机肥的技术参数指标，计算出每次的培水施肥量。

表 6-1　罗非鱼养殖测水项目建议表

项目	功能	标准方法	快速检测法	方法比较	检测频次
溶氧	关键控制因子	碘量法	参比卡法	快捷、经济、适用	备采水器、参比卡，分表水层、底水层，常检，日测 2 次，早晚各一次
pH	基本水质因子	玻璃电极法	精密试纸	均快捷、经济、较适用	备 pH 计，分表水层、底水层，常检，日测 2 次，早晚各一次
透明度	综合反应水体生物、有机物	萨氏盘法	自制黑白盘测定	均快捷、经济、较适用	自制黑白盘，常检

续表

项目	功能	标准方法	快速检测法	方法比较	检测频次
温度	物理因子	温度计	采水器直接测定	快捷、经济、较适用	备水银温度计，常检
氨氮	营养因子	纳氏比色法	快速比色卡		每日一次，送检
非离子氨	营养因子，代谢毒物，水生动物有害	氨氮换算	快速计算卡	卡中直接读出	由氨氮、pH 值、温度，通过快速计算卡计算

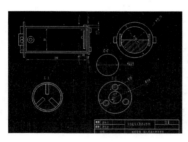

图 6-1　多功能采水器设计图

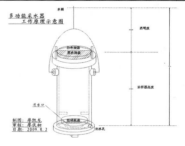

图 6-2　自制采水器示意图

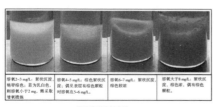

图 6-3　溶氧（DO）参比卡（试制）

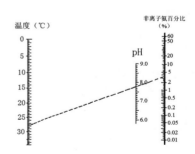

图 6-4　非离子氨计算卡

第三节　池塘养殖尾水管理

新形势下，水产养殖必须进行养殖尾水处理，达标后排放。由于罗非鱼池塘养殖尾水中主要含有氮、磷及有机质等植物养分，这就为尾水的综合利用创造了条件。

一、养殖尾水排放标准

周边受纳水体为农业用水，池养殖尾水排放应符合《SC/T 9101池塘尾水排放要求的规定》；如果受纳水体为天然水域，或附近有农村集中式饮用水源地，尾水应经处理达到地表水三类标准后方可排放。

二、尾水管理及综合利用

1. 罗非鱼渔场改造或新建时应规划5%～10%的水面作为水质生态净化区，养殖净水性鱼类、种植净水植物、设置过滤设施等。池塘尾水应经过水质生态净化区的生物拦截，达标后方可外排。

2. 开展生态养殖和尾水综合利用，做到尾水不外排、或少外排。主要是推广池塘种养轮作，利用对罗非鱼养殖的空闲期，种植冬季作物，通过作物吸收，降低尾水、底泥中氮、磷及有机质等含量，并收获一定的作物，起到较好的改善底质、减排、提质、增效的作用。罗非鱼池尾水综合利用主要有罗非鱼池轮作冬季作物、罗非鱼池设置浮床种植蔬菜等生态利用模式，该两种尾水综合利用模式可单独或配合使用。

（1）罗非鱼池轮作冬季作物。罗非鱼为温水性鱼类，在湖南、湖北等华中、西南地区，罗非鱼养殖池塘有较长的空闲期，一般为10月～第二年4月，空闲其长达半年左右，为消解罗非鱼养殖池塘底泥中残留氮、磷等植物养分，改善池塘底质条件，可冬种作物，达到减排、提质、增效的种养目标。选种冬季种植作物有白菜（如上海青）、萝卜、筒蒿、香菜、波菜、雪里红、莴笋、油菜（苔）、红菜苔、冬旱菜、红薯（冬季、叶）及黑麦草等。在鱼价与蔬菜价格相差不大的市场条件下，在取得较好的减排提质效果的同时，还能取得较好的经济效益。

（2）罗非鱼池塘设置浮床栽培空心菜。中国水产科学研究院淡水渔业中心宋超、陈家长（2011 年）等研究表明，罗非鱼池塘设置浮床栽种空心菜，可使池塘总氮达淡水池塘尾水排放二级标准、总磷可达地表水二类标准，氨氮可降至 1 mg/L 以下达渔业水质标准，利用浮床栽种空心菜后的罗非鱼池完成将达至或优于《池塘尾水排放要求的规定》的二级排放标准，产生较好的尾水处理效果；并能收获空心菜，产生一定的经济效益。

第七章　罗非鱼病害防治

随着罗非鱼养殖规模的扩大、集约化程度的提高，抗病力强的罗非鱼也难逃疾病的威胁。近年来病害时有暴发更是阻碍了罗非鱼健康养殖的可持续发展，如 2009 年以来在我国南方暴发的罗非鱼链球菌病就给罗非鱼养殖带来了巨大的损失。

一、罗非鱼的疾病概况

1. 病害流行情况

罗非鱼以其生长快、适应性和抗病力强等优势备受养殖户推崇，然而在罗非鱼养殖的密集区，暴发性疾病时有发生。如 2004—2005 年嗜水气单胞菌肆虐，造成海南养殖的罗非鱼出现暴发性出血病；2009 年 5～9 月广东、海南、广西等罗非鱼养殖区暴发链球菌病，发病率 30％～70％，发病鱼死亡率高达 60％～100％，给养殖户造成了巨大的经济损失。种种迹象表明，养殖的罗非鱼不再是抗病品种，病害成为威胁罗非鱼养殖健康发展的重要因素之一。病害一年四季均有发生，尤其是在 7～9 月的高温季节病害损失较大，危害各个阶段的罗非鱼，尤其是稚鱼至商品鱼阶段。

2. 病害类型

危害罗非鱼健康的疾病以生物源性为主，集中在细菌性疾病上。其中，链球菌病是全球公认的罗非鱼最重要的病原体，每年在全球范围内造成大批的罗非鱼死亡，其主要危害范围从 150 g 的鱼种到 1 kg 重的成鱼。柱状黄杆菌、运动性气单胞菌、假单胞菌、爱德华菌等也是罗非鱼鱼种阶段常见的病原体。此外，初春、深秋两季是寄生虫性疾病和真菌病的高发季节，尤其是越冬期间的罗非鱼易发生水霉病、指环虫病和车轮虫病。虹彩病毒病是目前罗非鱼病害中唯一确定的病毒性疾病，但在我国还未见关于罗非鱼病毒病的报道。立克次体是罗非鱼疾病的一个新的致病病原体，虽然目前仅在中美洲有报道，但其巨大的破坏性也应引起我们的重视。

二、罗非鱼疾病生态防控

罗非鱼养殖生态系统构建主要围绕养殖主体罗非鱼人工或半人工创建流转畅通、运转高效的池塘养殖生态系统，其构建的基本原则可以概括为"主体突出、立体利用、溶氧优先、因地制宜、多样性构建"。

罗非鱼池塘养殖生态系统的构建：池塘主养罗非鱼，主要是围绕养殖主体罗非鱼，通过配养品种搭配达到立体利用水体空间，科学利用水体浮游植物、浮游动物资源，能量流转、物质循环渠道畅通，且运转高效的养殖目的。达到这一养殖目的的水质表象特征必须是池水"肥、活、嫩、爽"。主养对象罗非鱼为底层鱼类，搭配中上层鱼类鳙、上层鱼类鲢，交替施用微生态制剂和生石灰，精养高产池循环使用螺蚌粉或适量添加矿物质，使用池塘具有较好的溶氧生产能力。

三、疾病的诊断

大致可以根据以下五条经验进行罗非鱼疾病的初步判断，对于疾病的最后确定应经病原体分离鉴定。

1. 判断是否由于病原体引起的疾病

有些鱼类出现不正常的现象，并非是由于传染性或者寄生性病原体引起的，可能是由于水体中溶氧量低导致的鱼体缺氧，各种有毒物质导致的鱼体中毒等。这些非病原体导致的鱼体不正常或者死亡现象，通常都具有明显不同的症状：

（1）在同一水体的鱼类受到来自环境的应激性刺激是大致相同

的，鱼体对相同应激性因子的反应也基本相同。因此，多种鱼体表现出的症状比较相似，其病理发展进程也比较一致。如缺氧死亡鱼体鳍条出现"白晕"，系为生理缺氧的表症。

（2）某些有毒物质引起鱼类的慢性中毒外，非病原体引起的鱼类疾病，往往会在短时间内出现大批鱼类失常甚至死亡。

（3）查明患病原因后，立即采取适当措施，症状可能很快消除，通常都不需要进行长时间治疗。

2. 依据疾病发生季节初步判断疾病

各种病原体的繁殖和生长均需要适宜的温度，水温的变化与季节有关。所以，鱼类疾病的发生大多具有明显的季节性。适宜于低温条件下繁殖与生长的病原体引起的疾病大多发生在冬季，而适宜于较高水温的病原体引起的疾病大多发生在夏季。

3. 依据患病鱼体的外部症状和游动状况判断疾病

虽然多种传染性疾病均可以导致鱼类出现相似的外部症状，但是，不同疾病的症状也具有不同之处，而且患有不同疾病的鱼类也可能表现出特有的游泳状态（泳姿）。如鳃部患病的鱼类一般均会出现缺氧浮头的现象，而当鱼体上有寄生虫寄生时，就会出现鱼体挤擦和时而狂游的现象。

4. 依据鱼类的种类和发育阶段初步判断疾病

因为各种病原体对所寄生的对象具有选择性，而处于不同发育阶段的各种鱼类由于其生长环境、形态特征和体内化学物质的组成等均有所不同，对不同病原体的感受性也不一样。所以，鲫或者鲤的有些常见疾病，就大多不会在冷水鱼中发生，有些疾病在幼鱼中容易发生，而在成鱼阶段就不会出现了。

5. 依据疾病发生的地区特征的初步判断

由于不同地区的水源、地理环境、气候条件以及微生态环境均有所不同，导致不同地区的病原区系也有所不同。对于某一地区特定的饲养条件而言，经常流行的疾病种类并不多，甚至只有 1～2

种，如果是当地从未发现过的疾病，患病鱼也不是从外地引进的话，一般都可以不加以考虑地区特征，是否是新的病种而需要更深入地从更深层次的角度去探究鱼病的病原病因。

6. 原发性和继发性疾病的确诊

根据对鱼体检查的结果，结合各种疾病发生的基本规律，就基本上可以明确疾病发生原因而做出准确诊断了。

需要注意的是，当从鱼体上同时检查出两种或者两种以上的病原体时，如果两种病原体是同时感染的，即称为并发症。

若是先后感染的两种病原体，则将先感染的称为原发性疾病，后感染的称为继发性疾病。对于并发症的治疗应该同时进行，或者选用对两种病原体都有效的药物进行治疗。由于继发性疾病大多是原发性疾病造成鱼体损伤后发生的，对于这种状况，应该找到主次矛盾后，依次进行治疗。

四、科学合理用药

渔用药物是水产养殖的必须投入品和重要的基础性物质，直接关系到水产品的质量安全和养殖者的经济效益，广大养殖生产者应该科学合理使用渔药。现将科学合理使用鱼药的几个要点介绍如下：

一是，正确诊断、对症用药。　正确诊断是合理用药的先决条件。某些疾病可能外观症状基本相同，但却不一定是同一种病原所引起，不能凭经验诊断。必须在正确诊断的基础上，选用药效好、使用安全的药物。切忌滥用药物，尤其不能滥用抗生素。

二是，正确选择用药时间及疗程。通常情况下，当日死亡数量达到了养殖群体的 0.1% 以上时，就应进行给药治疗。用药时间一般选择在晴天上午 11 时前或下午 3 时后。疗程长短因病情而定，一般来说，杀虫剂需 2 次、内服药需 5~7 d。

三是，测量水体、计算药物用量。药量的多少是决定疗效的关键之一。必须准确地测量池塘面积和水深，计算全池需要的药量。

四是，了解药物性能，选择正确的用药方法。根据不同的用药方法，在用药时应有所区别：①投喂药饵和悬挂法用药前应该停食 1～2 d，以增强鱼类的摄食性；②外用泼洒药物宜在晴天上午进行，便于用药后观察；③对不易溶解的药物要先溶解再全池泼洒；④浸浴法用药时，要操作谨慎，避免鱼体受伤；⑤在药物施用后要注意观察，以防发生缺氧、死鱼等现象。

五是，用药时避免配伍禁忌。多数情况下为联合用药，此时要考虑药物间的作用，避免药物配伍禁忌。如刚使用沸石的鱼塘不应在短期内使用其他药物，泼洒生石灰 5 d 内不宜使用敌百虫。微生态制剂不能和水体消毒剂同时使用。

六是，轮换用药，避免耐药性。在选择药物时，不要多次使用同一种药物，避免产生耐药性。使用药物时，要严格按照操作规程配制、施药，尽可能地使用中草药和生物制剂。严禁使用违禁药物，遵守休药期规定。罗非鱼生态养殖推荐生石灰和微生态制剂交替使用，以调节水体、改善底质，抑制病原微生物生长，能取得较好的防病效果。

五、罗非鱼常见病害防治

1. 病毒性疾病

虹彩病毒病　罗非鱼作为暖水性鱼类，当养殖水温低于 15 ℃时即处于休眠状态，此时机体代谢机能降至最低，不利于病毒的增殖，可能正是这一原因使国内外少有关于罗非鱼病毒病的报道。目前，虹彩病毒病是罗非鱼有明确记录的唯一的病毒性疾病。该病的最早发现是在 20 世纪 70 年代，非洲东部湖泊中野生的罗非鱼暴发了由淋巴囊肿病毒引起的疾病。Walker 等（1962）研究表明该病毒能在 60 天内引起莫桑比克罗非鱼 100%的死亡，发病罗非鱼呈快速螺旋状游动。此后，Ariel 等（1997）报道了由感染蛙虹彩病毒引起的罗非鱼旋转综合征，疾病死亡率达 100％。1998 年有报道指出加拿大从美国进口的罗非鱼稚鱼中检出蛙虹彩病毒。目前国内虽未见关于罗非鱼虹彩病毒病的病例报道，但我们应予警惕。

病原：虹彩病毒科的淋巴囊肿病毒和蛙虹彩病毒。虹彩病毒科中的淋巴囊肿病毒能引起包括牙鲆、鲈鱼在内的几十种淡水和海水鱼类的疾病；而主要感染两栖类、鱼类、爬行类的蛙虹彩病毒被认为是罗非鱼虹彩病毒病的重要病原。病毒粒子为二十面体，其轮廓呈六角形，有囊膜。大量病毒颗粒堆积可呈晶格状排列，直径一般为 120～300 nm。

流行情况：虹彩病毒危害范围从几克的苗种到几百克的成鱼，主要感染 10 g 左右的罗非鱼鱼种；发病水温在 20～28 ℃。当水温低于 24 ℃时病鱼呈现出一个渐行性的死亡，没有明显的死亡高峰期，发病一个月内病鱼死亡率约 20％。

症状：患病鱼时而在水体中呈螺旋状快速游动，时而停止在水底；时而悬挂在水面。病鱼表现为体色发黑、鳃丝苍白、眼球突出和腹水症状，内脏器官尤其是肝脏发白明显。尼罗罗非鱼感染该病毒后多个器官出现炎症反应，脾脏、肾脏和心脏出现最为严重的出血性坏死，继续发展形成坏疽。罗非鱼感染蛙虹彩病毒时，肾脏和肌肉是主要侵袭的组织；肾小管收缩，肾间质出血并伴有大量炎性细胞浸润；大多数肌肉出现灶性溶解。

诊断：对于虹彩病毒病确诊可以结合以下几点：①通过流行病学和临床症状进行初诊，如病毒病的发病水温较低，病鱼呈现吊水症状等；由于病毒感染会对机体产生免疫抑制，很快诱发其他条件致病菌的感染，所以单纯地观察临床症状不足以准确地判定疾病。②采集发病鱼的新鲜组织后通过免疫学方法和分子生物学方法进行鉴定十分必要。如 PCR 法、LAMP 法。③有条件、有时间的情况下，可以对分离病毒细胞培养后，进行毒株鉴定确诊。

防治：一直以来病毒病的治疗在水产上都是一个难题，几乎没有有效的药物可用。因此对于病毒病而言，预防成为最重要的防控措施。病毒粒子除了可以通过水体横向传播外，也可以通过亲子代进行纵向传播。把控好苗种关、切断带毒鱼的引入可以有效预防罗非鱼的病毒病。目前国内外研究均显示疫苗免疫是预防虹彩病毒病最有效的方法。国外日本等国已有商品化的虹彩病毒细胞灭活疫苗，国内中山大学何建国研究组对虹彩病毒弱毒活疫苗的研究已完成实验室阶段。生产上一旦养殖鱼类发生病毒病，可以通过降低养殖密度、改善水体环境，使用聚维酮碘等药物消毒水体，拌料投喂板蓝根、大青叶、三黄（50％大黄、20％黄芪、30％黄柏）和维生素 C 等来控制疾病的恶化。此外，可以适当地辅以抗菌药物如氟哌酸或土霉素，连续投喂 5～10 d，可防止继发性细菌感染。

2. 立克次体及细菌性疾病

立克次体感染　立克次体是鱼类的重要病原之一，能引起虹鳟、银鲑、大西洋鲑、石斑鱼、罗非鱼等多种鱼类的高感染率和高死亡率。Chern 和 Chao（1992）从我国台湾地区发病罗非鱼体内最先分离到一种类鱼立克次体的微生物（RLOs），该病原引起罗非鱼的平均死亡率在 30％左右，高峰期死亡率达 95％；1998 年福建省漳州水口库区网箱养殖罗非鱼暴发立克次体感染，疾病在该地区广泛流行并引发大批鱼死亡。

病原：立克次体是一类严格细胞内寄生的原核细胞型微生物，其分类介于细菌和病毒之间，具有类似细胞样的结构，有一层薄的细胞壁，含有 DNA 和 RNA 两种核酸；立克次体的大小为（0.08 μm×0.3 μm）～（0.3 μm×0.7 μm），革兰阴性，大多数是杆状，但也有球形或多形性的；多数是非运动性的，也有鞭毛型的。

流行情况：立克次体专性感染罗非鱼亲鱼和苗种；带毒亲鱼不会出现急性死亡，而带毒鱼由于抗应激能力差，在运输移池后，往往出现大批死亡。带毒亲鱼可通过垂直传播将病原传播给鱼种，使得苗种发病，发病水温在 25～28 ℃；也有资料显示水温 15 ℃时较

30 ℃更容易发病死亡。此外，该病原还可在带毒鱼间水平传播。

症状：病鱼初期无症状，摄食亦正常，中后期大部分病鱼食欲下降，体形消瘦，体色变黑；有的体表鳞片脱落，皮肤糜烂，鳍基出血溃烂；少数眼球突出、出血，部分鱼伴有旋转等神经症状。剖解病鱼可见脾脏显著肿大。实质器官由于慢性炎症反应形成肉芽肿病变，大部分内脏如肝、肾、脾上可以观察到 1～5 mm 的分散状白色结节。

诊断：①通过接种易感细胞株，如大鳞大马哈鱼胚胎细胞系、罗非鱼卵巢细胞系等，17 ℃培养 7～12 d 后透射电镜观察是否出现 80％以上的细胞病变（CPE）可初诊。②免疫荧光、免疫组织化学方法、常规 PCR 技术、巢式 PCR 技术，以及荧光定量 PCR 技术均已被应用到鱼类立克次体的快速检测诊断上。

防治：①立克次体主要靠宿主交换或媒介物传播，也可通过垂直传播给子代，从非疫区引种、加强日常管理可以有效预防该病。②疫苗接种能有效地保护鱼体抵抗病原入侵；如 Microtek 国际公司研制的鲑鱼立克次体性败血症（SRS）重组亚单位疫苗已进行商业化生产，该疫苗对虹鳟鱼、银大马哈鱼和大西洋鲑活体试验的 RPS 值分别达 100％、92％和 85％，有效地控制了疾病的传播，说明立克次体疫苗防治该病是可行的。③立克次体样生物对大部分抗生素敏感，因此早期可选用四环素类和氟苯尼考等内服治疗。但鱼类口服抗生素治疗立克次体病，很难达到理想的效果，原因可能是由于抗生素很难在宿主细胞内达到有效浓度，从而不能对细胞内寄生的立克次体产生抑制和杀灭作用。所以对于该病的防控更多的是从预防入手。

（2）爱德华菌病　由迟缓爱德华菌引起的罗非鱼爱德华菌病。迟缓爱德华菌无荚膜、无芽孢、有运动力、接触酶阳性、氧化酶阴性兼性厌氧，革兰染色呈阴性短杆状；菌体大小（0.5～1.0）μm×（1.0～3.0）μm，最适温度 28～37 ℃，pH 5.5～9.0。

该病流行于夏秋两季，是条件致病菌，罗非鱼属于易感鱼类。病鱼体色发黑，腹部膨胀，肛门发红，眼球突出或混浊发白，有的病鱼体表可见膨隆发炎的患部，尾鳍、臀鳍的末端和背鳍后端坏死发白；有的病鱼表现为体表、鳍条基部和下颌部的充血和出血，体表和肌肉出现破溃；肝脏苍白或发黄，有的肝脏可见白色小点，胆囊胆汁充盈，严重的发展为肠炎。

对于爱德华菌病的确诊可以结合以下几点：①从病鱼的病灶组织分离病原菌进行培养，接种特殊培养基，如 EIM 基，形成亮绿色的菌落来诊断；②分离的细菌通过间接 ELISA 方法鉴定或对溶血素基因进行 PCR 扩增鉴定；③采集病鱼肝脏和肾脏进行组织 PCR 扩增检测确诊。

疾病治疗手段：①水温升高和环境应激原的增多是导致带菌鱼死亡率增高的原因之一，因此加速水流、降低水温、改善水质、减少应激原有利于疾病的有效控制；②药物治疗采用含氯消毒剂，如漂白粉浓度为 1 g/m^3，或强氯精 0.3 g/m^3 全池泼洒；抗生素制成药饵，连续投喂 5～7 d。

（3）烂鳃病细菌感染引发的疾病，目前病原不十分清楚。病鱼鱼体发黑，呼吸困难而浮于水面，鳃丝肿大且色泽变淡。急性感染时，病鱼鳃丝呈紫红色，黏液多，发生腐烂直至死亡。

流行情况：流行季节为 5～11 月，主要发生在罗非鱼苗种培育期，规格为 2～5 cm，发病水温在 25～30 ℃。发病原因主要是养殖密度过高，鱼池水质老化。生长季节水质调节不及时，水体透明度过低，水中病原菌大量繁殖以及寄生虫的交叉感染，导致罗非鱼烂鳃病的暴发。

防治方法：①避免过密养殖，加强饲养管理，及时排污换水。②发病池可用三氯异氰尿酸等水体消毒剂兑水全池泼洒，水体消毒剂按说明书使用。

（4）肠炎病细菌感染引发的疾病，目前病原不十分清楚。主要症状：病鱼表现为肠道出现炎症，肠道内有较多的黄色黏液，消化腺肿大。病鱼体色发黑，浮游于水面，急性感染鱼呈痉挛状，吻端或全身有轻微出血。

流行情况：主要危害鱼种、成鱼，水温在 25～30 ℃时为高峰期。病因是吞食不洁饵料而受感染，饥饿后又饱食也是引发该病的重要原因。

防治方法：①不投喂变质饲料。②治疗采取每千克饲料中拌抗生素治疗。

3. 寄生虫类疾病

（1）车轮虫病　车轮虫病的发病季节一般在 5～8 月，该病是由多种车轮虫寄生于罗非鱼鳃部感染引起。其症状为鳃组织损坏。

防治方法：0.5～0.7 g/m³ 水体浓度的硫酸铜、硫酸亚铁合剂（5∶2）全池泼洒，或 2.5％食盐浸浴 20 min。

（2）斜管虫病　斜管虫病的发病季节一般在 12 月或者 3～5 月，该病是由斜管虫寄生于罗非鱼皮肤或鳃部感染引起。其症状为罗非鱼皮肤和鳃呈苍白色，或体表有浅蓝或灰色薄膜覆盖。

防治方法：避免鱼体受伤；2％～3％食盐浸浴约 10 min；或 0.5～0.7 g/m³ 水体浓度的硫酸铜、硫酸亚铁合剂（5∶2）全池泼洒。

（3）小瓜虫病　主要症状：在罗非鱼严重感染小瓜虫病时，肉眼可见病鱼的体表、鳍条和鳃丝上，布满白色小点状胞囊，亦称之为白点病。由于虫体侵入鱼的皮肤和鳃的表皮组织，引起宿主的病灶部位组织增生，并分泌大量黏液，形成一层黏膜覆盖在病灶表面。有时鳍条亦发现有腐烂。

流行情况：小瓜虫生长繁殖最适宜的水温为 20～24 ℃，我国处温热带地区，冬春季水温特别有利于小瓜虫的繁殖，主要季节为 12 月至次年 6 月。尤其是在高密度的罗非鱼越冬池更容易发生。诊断方法主要是镜检，刮取体表白点或取鳃制作水封片镜检，见到大量小瓜虫即能确诊。

防治方法：①主要采取用生石灰彻底清塘，杀死藏在泥中的寄生虫孢囊；②掌握合理放养密度，加强饲养管理以增强体质；③发病鱼池采用全池泼洒 2～3 g/m³ 亚甲基蓝，每天一次，连用 2 d；④每亩水面用枫杨树枝 6 kg、苦楝树根 3.5 kg 混合煎水，加入人尿 15 kg 兑水全池遍洒。

4. 真菌性疾病

水霉病　主要症状：霉菌丝入侵鱼体后，蔓延扩展，向外生长成绵毛状菌丝，似灰白色的棉絮状附着物，病鱼游泳失常，体表黏液增多，焦躁或迟钝，食欲减退，最后瘦弱死亡。

流行情况：主要发生在罗非鱼的越冬期，由于温度下降至 20 ℃以下造成鱼体冻伤，或刚要移入越冬池时操作、运输过程中不慎造成鱼体受伤，使越冬罗非鱼暴发水霉病。

防治方法：①越冬池要严格消毒后才能放养罗非鱼，每亩池水用生石灰 10～20 kg 消毒；②主要是在捕捞搬运和放养过程中尽量避免鱼体受伤，放养密度要合理；③越冬水温应保持在 20 ℃以上；④罗非鱼进入越冬池前可用 3% 的食盐水浸洗鱼体 5～10 min 进行鱼体消毒；⑤罗非鱼进入越冬池后用二氧化氯 0.3～0.5 g/m³ 全池泼洒，预防细菌感染；⑥发病时可以用亚甲基蓝 0.3～0.4 g/m³ 化水全池泼洒，连用 2 d，效果较好。

5. 其他疾病

突眼病主要症状：病鱼常显现眼部症状为眼球突出，眼眶出血，单侧或双侧眼巩膜白浊，其他体表无显著症状。因其眼球突出症状明显，故渔民称之为"突眼病"。解剖病鱼，内脏最明显的症状是胆囊肿大，有的比正常的体积大数倍。有些病例还伴随其他细菌的继发感染。

流行情况：流行季节在 5～9 月，引起罗非鱼突眼病的病因有养殖环境恶化，水中氨氮含量过高、氮气过饱和，饲料营养不全，采用大量的菜籽粕、棉籽粕等杂粕，含有棉酚、恶唑烷硫酮等对鱼类不利的成分，使鱼体丧失自我调节和免疫能力，容易造成细菌感染。

防治方法：①突眼病主要以预防为主，加强饲养管理，使用优质饲料，定期消毒，提高鱼体的自我调节能力和免疫能力。②目前尚无有效治疗药物，如暴发该病，一般采取调节水质的方法。适当使用消毒剂水体消毒，同时内服解毒消炎药品（654－2、维生素 C、肝泰乐、抗生素或中草药制剂）能取得一定效果。

附件 光合细菌培养方法

1 培养基及培养方法

1.1 光合细菌培养基市场购买或自配。

1.2 培养基配方及培养方法：醋酸纳 500 g；食盐 50 g；磷酸二氢钾 40 g；硫酸铵 25 g；硫酸镁 10 g；酵母膏 1 g；自来水 50 L。按 1∶1 接种光合细菌菌种，用乳白色或透明容器在 40～60W 白炽灯或自然光下培养 4～6 d。培养的成品可作为菌种继续培养。

2 培养注意事项

光合细菌培养时应注意以下事项：

a) 培养液应满桶后盖上，不得搅动，尽可能减少空气中氧气溶入培养液中，影响光合细菌纯度；

b) 避免高温暴晒；

c) 用干净水配制培养液；

d) 光合细菌菌种不纯时及时更换。

3 光合细菌的使用

3.1 作用与用途

光合细菌作用与用途如下：

a) 快速降解水中氨氮、亚硝酸盐和硫化氢等有害物质，调节 pH 值；

b) 分解水中残饵、粪便、动植物尸体等有机物，净化水质；

c) 促进有益藻类的生长繁殖，维持藻相平衡，防止有害藻类过度繁殖；

　　d）有利于养殖动物的消化吸收，促进生长发育，提高机体免疫功能；

　　e）水域初级生产者，厌氧层和兼性厌氧层的初级生产者。

3.2　主要成分

沼泽红螺假单胞菌，$\geqslant 5.0 \times 10^8 cfu/mL$。

3.3　用法及用量

　　3.3.1　外用，全池均匀泼洒。培水：每亩每米 2～3 L，配合生态培藻灵及肥水产品，效果更佳。

　　3.3.2　调水：养殖前期：防止池水突然变清或变浓，每亩每米 2～3 L；养殖中期：每亩每米 3～4 L，每 15 d 左右一次，可调节水色，保持水质稳定；养殖后期：每亩每米 4～5 L，能够改善水质，改良底质，配合底净使用效果更佳。

4　注意

光合细菌使用应注意以下事项：

　　a）请尽量在晴天上午应用；

　　b）若池塘已使用消毒剂，须间隔 3～5 d 后使用，以免失效；

　　c）作为饲料添加剂使用不宜经过粉碎，或经高温加热。

图书在版编目（ＣＩＰ）数据

　　罗非鱼生态养殖 / 廖伏初，丁德明，陈新明主编. -- 长沙 ：湖南科学技术出版社，2020.5
　　（现代生态养殖系列丛书）
　　ISBN 978-7-5710-0315-9

　　Ⅰ．①罗… Ⅱ．①廖… ②丁… ③陈… Ⅲ．①罗非鱼－鱼类养殖 Ⅳ．①S965.125

　　中国版本图书馆 CIP 数据核字(2019)第 202899 号

现代生态养殖系列丛书
LUOFEIYU　　SHENGTAI YANGZHI
罗非鱼生态养殖

主　　编：廖伏初　丁德明　陈新明
责任编辑：李　丹
出版发行：湖南科学技术出版社
社　　址：长沙市湘雅路 276 号
　　　　　http://www.hnstp.com
印　　刷：长沙超峰印刷有限公司
　　　　　（印装质量问题请直接与本厂联系）
厂　　址：长沙市金州新区泉洲北路 100 号
邮　　编：410600
版　　次：2020 年 5 月第 1 版
印　　次：2020 年 5 月第 1 次印刷
开　　本：850mm×1168mm　1/32
印　　张：3
字　　数：82000
书　　号：ISBN 978-7-5710-0315-9
定　　价：20.00 元
（版权所有 · 翻印必究）